无人机应用技术专业系列教材

机械工业出版社优秀图书

无人机技术概论

第 2 版

深圳市无人机行业协会 **组 编**

主 编 贾恒旦 杨升平

副主编 谢习华 张显志 李明政 吕诗哲

　　　　 杨 刚 杨洁琼

参 编 赵彦丽 任亚青 李良波 胡 乐

　　　　 杨 柳 王 征 王 俊 刘 伟

　　　　 郭曦徽 陈宪军 马树华 贾司晨

　　　　 林崇昆 李 均 廖运雄 徐 挥

　　　　 马育春

U0241065

机械工业出版社
CHINA MACHINE PRESS

本书根据无人机应用技术专业教学大纲的要求编写而成，主要介绍了无人机（固定翼无人机、无人直升机、多旋翼无人机）的主要组成部分及相关实际应用场景，内容涵盖了无人机监控、航拍、消防、遥感、送货、植保、救援、军演、察打等，以及无人机与体育竞技和反无人机方法等，在介绍过程中采用图解方式，尽量反映国内近年来在无人机方面的研究和实际应用成果，并通过大量的实例，让读者对无人机有一个清晰的认识。本书配有无人机应用实例二维码，扫码可以直接观看。

本书通俗易懂，图文并茂，可读性、实用性强，既可作为大专院校、技工院校无人机专业的教材，又可以作为无人机培训机构用书，还可供无人机从业者与爱好者参考。

为了方便教学，本书配备了内容丰富的多媒体课件，选用本书作为教材的教师可登录机械工业出版社教育服务网（www. cmpedu. com）注册后下载。

图书在版编目（CIP）数据

无人机技术概论／深圳市无人机行业协会组编；贾恒旦，杨升平主编. —2 版. —北京：机械工业出版社，2024.3（2024.10 重印）
ISBN 978 - 7 - 111 - 75246 - 2

Ⅰ.①无…　Ⅱ.①深…②贾…③杨…　Ⅲ.①无人驾驶飞机–概论　Ⅳ.①V279

中国国家版本馆 CIP 数据核字（2024）第 049163 号

机械工业出版社（北京市百万庄大街22号　邮政编码100037）
策划编辑：侯宪国　　　　　　　责任编辑：侯宪国
责任校对：甘慧彤　王　延　　　封面设计：马精明
责任印制：常天培
固安县铭成印刷有限公司印刷
2024 年 10 月第 2 版第 3 次印刷
169mm×239mm·10.25 印张·153 千字
标准书号：ISBN 978 - 7 - 111 - 75246 - 2
定价：49.80 元

电话服务　　　　　　　　　　网络服务
客服电话：010 - 88361066　　机 工 官 网：www. cmpbook. com
　　　　　010 - 88379833　　机 工 官 博：weibo. com/cmp1952
　　　　　010 - 68326294　　金 书 网：www. golden-book. com
封底无防伪标均为盗版　　机工教育服务网：www. cmpedu. com

本书编委会

专家委员 （按姓氏笔画排列）

王　俊	深圳飞盈佳乐电子有限公司	总工程师
王　雷	深圳市嘉利源电磁技术有限公司	总经理
吕诗哲	深圳市科卫泰实业发展有限公司	总监
刘　丰	深圳市富斯科技有限公司	董事长
刘喜龙	西安天问智能科技有限公司	总经理
李　均	法库中军翼无人机科技有限公司	法人兼技术负责人
李良波	广东汇天航空航天科技有限公司	总工程师
李明政	深圳市智璟科技有限公司	经理
胡　乐	武汉拓普新科无人机科技有限公司	总经理
韩振铎	深圳市华业航空科技有限公司	总经理
谢习华	中南大学机电工程学院	正高级工程师
薛　堃	深圳市轻准科技有限公司	董事长

序

读完本书的书稿后，思绪万千，感触颇多。我国开发、研制、生产无人机已有四十多年历史，随着我国军民融合快速发展，无人机这项高科技的人工智能技术在我国民用航空领域得到了广泛的应用和发展。无人机的产品愈发成熟，无人机的功能更加智慧，已由航空神坛走进了寻常百姓的工作、生活领域。对于无人机，说它是高科技的产物并不为过，因为无人机不是单一学科，而是不同学科以及多个科技领域互相交叉、相互渗透、相互融合的高科技产物。它是航空航天、计算机、无人驾驶、遥控、遥感、遥测技术等高新技术高度融合的产品，这些技术在无人机应用中得到了充分展示。

进入 21 世纪，随着 GIS、GPS、微电子机械系统、磁力同步自动驾驶机、数字无线电、数字运动相机、新型材料及人工智能等新技术的广泛应用，民用无人机技术同各种电子信息化技术完美结合，获得了更加快速的发展，并持续推动了全球无人机市场的繁荣。

到 2023 年，我国无人机产业链上超过万家企业，年产值超过 500 亿元，而且还在不断持续地攀升。民用无人机市场发展也从影视航拍延伸到了警用、农业植保、航测、电力、应急救援、物流、消防、气象、环保等几十个领域，无人机应用的增长速度远远超过了无人机行业人才成长的速度。面对广大的无人机行业从业者以及急需的专业人才，有关这个新兴科技行业的科普书籍屈指可数，不尽人意。我身为中国无人机行业中最大的协会——深圳市无人机行业协会的会长，深感责任重大，任务紧迫，这也是多年来时常涌现在我心中的一件大事。

株航高校（湖南航空工业职工工学院、株洲南方航空高级技工学校）建校 66 年来，为中国航空工业培养出了 3 万多名航空高等职业技术人才。我有幸结识了走在中国无人机技术教育前沿的株航高校原副校长贾恒旦，共同组织了中国无人机行业中具有较高技术的企业，开展本书的编写工作，希望能为推动中国民用无人机行业快速、可持续发展做些实事，为中国无人机行业人才的快速成长尽绵薄之力。

本书对无人机行业和技术的介绍言简意赅，注重基础知识的汇集和科普，图文并茂，引人入胜。本书汇聚了众多院校和企业专家的心血，可作为中国无人机爱好者、从业者、学习者的入门读物。书中未能详尽之处，后续我们会再接再厉。欢迎中国无人机行业更多的专家、学者、企业的科研人员等加入我们的队伍，为共同推动中国无人机行业的发展，贡献出自己的智慧。

仅以此序，感谢所有的参与人员，并与行业的各位专家们共勉。

深圳市无人机行业协会会长　杨金才

前　言

我国是民用无人机生产大国，民用、消费级无人机产量占世界民用、消费级无人机产量的 75%。但是我国在无人机研究、无人机教育、无人机应用、无人机知识、技能普及、无人机竞技等方面与世界无人机强国相比，还有差距。

2018 年 6 月由机械工业出版社出版的《无人机技术概论》一书（以下简称第 1 版），在世界无人机大会上首次发布，中国无人机专业教材首次登上世界无人机舞台，受到了国内外广大无人机爱好者、无人机专业人员的欢迎和认可。出版不到半年，发行量突破了 1 万册；被超过 280 所中、高职业院校及本科院校无人机专业选用；已经重印 8 次，多次获奖。

随着人工智能技术的快速发展，无人机在军事、民用、消费三大板块的应用、消费取得了长足的进步，无人机的应用领域也越来越多，带动了一大批无人机产业、无人机行业和无人机教育的发展，随着大众对无人机应用重要程度的认识，无人机也会像计算机、手机一样，成为大众的"新三样"，走进大众的日常工作、教育、娱乐之中。

为了进一步提升无人机专业教材的科技含量，及时跟进世界无人机技术的快速发展，现对第 1 版进行修订。

在修订中，以提高读者对无人机专业知识全面的认识、提升对学习无人机的兴趣需要为本位，本着少而精、实用、够用为主线，力求具有科学性、先进性和前沿性。

在本次修订中，新增了以下内容：垂直起降无人机的概念、原理、结构及应用实例；无人机材料部分增加了非金属材料——复合材料类型及应用实例，增加了硬纸板材料及应用实例；同时，全书融入了思政内容，新增了教学要求。

由于水平有限，本书难免存在不足之处，恳请广大读者批评指正。

编　者

目　录

第1章 航空器与无人机

知识目标

　　1）熟知航空器的分类。

　　2）熟知无人机的起源、定义、分类。

能力目标

　　1）对无人机有比较全面的认知。

　　2）会解读无人机与航模的区别。

素质目标

　　1）与团队成员协作开展无人机安全作业。

　　2）树立无人机安全作业岗位意识。

1.1 航空器

1. 大气层

大气层是星球表面上的气体在星球引力的作用下，在星球表面积聚而成的一层气体。地球就被很厚的大气层包围着。

2. 航空器的分类

航空器是指在大气层中飞行的飞行器，其分类如图1-1所示。

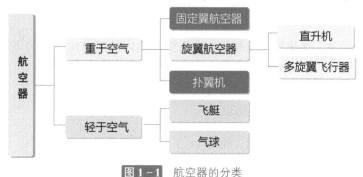

图1-1 航空器的分类

1.2 无人机

1. 无人机的起源

无人机诞生于 1914 年，当时第一次世界大战正进行得如火如荼。1927 年，由 A. M. 洛教授参与研制的"喉"式单翼无人机在英国海军"堡垒"号军舰上成功地进行了试飞。该无人机载有 113kg 炸弹，以 322km/h 的速度飞行了 480km，在世界上曾引起极大的轰动。"喉"式无人机如图1－2所示。

图 1－2　"喉"式无人机

2. 无人机的定义

中国民用航空局对无人机的定义：无人机（Unmanned Aircraft, UA）是指由控制站管理（包括远程操纵或自主飞行）的航空器，也称为远程驾驶航空器。

通俗地说，驾驶员或控制员不在飞机座舱内的能自由飞行的飞行器，称为无人机。

3. 无人机与有人机的比较

无人机和有人机的不同，见表1－1。

表1-1　无人机与有人机的比较

项目	无人机	有人机
人员伤亡情况	执行危险性任务，无人员伤亡	执行危险性任务，可能会有人员伤亡
载人限制	不需要考虑人数及安全措施	需要考虑人数及安全措施
尺寸	体积不受限制	同等情况下，体积要大许多
成本	无驾驶舱，操控员成本低	制造成本高、飞行员培养成本高
机动性	起降要求低	起降要求高

4. 无人机与航模的区别

航模（见图1-3）是以娱乐、竞技为主（见图1-4），以应用为辅；而无人机则以应用为主（即无人机＋行业应用），以娱乐、竞技为辅。

图1-3　各种航模

（图片源自：三叶）

 航模进行娱乐表演

航模娱乐表演

　　航模没有智能化的飞控系统，始终需要人通过遥控器在视距范围内操作，才能实现航模的机动和姿态调整，如图 1 - 5 所示。无人机配有智能化的飞控系统，通过程序控制和数据链将地面控制参数与无人机进行交互，控制无人机的姿态和机动，并可以实现自主、超视距飞行。多旋翼无人机系统如图 1 - 6 所示，多旋翼无人机如图 1 - 7 所示。

图 1 - 5　航模需要在人的视线范围内操控

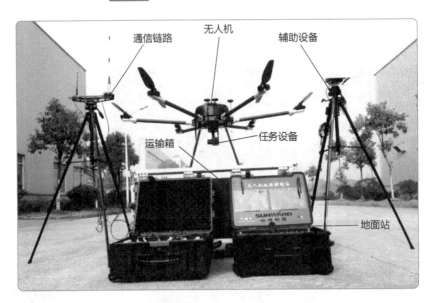

图 1 - 6　多旋翼无人机系统

（图片源自：山河科技）

图 1-7　多旋翼无人机

（图片源自：AEE）

无人机与航模的差异如图 1-8 所示。

a）无人机　　　　　　　　　　　　　b）航模

图 1-8　无人机与航模的差异

5. 无人机的分类

（1）**按使用领域**　无人机可分为军用无人机、民用无人机和消费无人机三大类。

1）军用无人机。军用无人机可分为自杀式无人机、察打无人机、诱饵无人机、电子对抗无人机、通信中继无人机、无人战斗机以及靶机等。军用无人机是现代空中军事力量中的一员，具有无人员伤亡、使用限制少、隐蔽性好、费效比高等特点，在现代战争中的地位和作用已十分突出。

2）民用无人机。民用无人机在农业植保、快递运输、电力巡检、石油管道巡检、交通监控、治安监控、城市规划、消防救援、灾难救援、观察野生动物、监控传染病、测绘、新闻报道、影视娱乐等领域都有大量应用。2014 年，在用无人机和直升机联合拍摄纪录片《飞越山西》时，无人机拍摄点数量第一次超过了有人机，无人机拍摄点有 300 个，直升机拍摄点有 200 个。用无人机拍摄的丹江口宣传片，把丹江口的自然美完全呈现了出来，如图 1 – 9 所示。

图 1 – 9　无人机航拍丹江口宣传片

（图片源自：TOP）

丹江口

无人机用于宣传如图 1 – 10 所示。

图 1 – 10　无人机用于宣传

无人机用于宣传

无人机在民用领域的一般应用如图 1 – 11 所示。

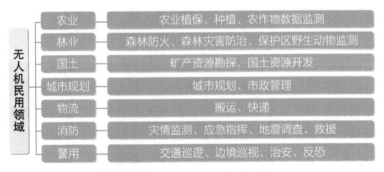

无人机民用领域	农业	农业植保、种植、农作物数据监测
	林业	森林防火、森林灾害防治、保护区野生动物监测
	国土	矿产资源勘探、国土资源开发
	城市规划	城市规划、市政管理
	物流	搬运、快递
	消防	灾情监测、应急指挥、地震调查、救援
	警用	交通巡逻、边境巡视、治安、反恐

图 1 – 11　无人机在民用领域的应用

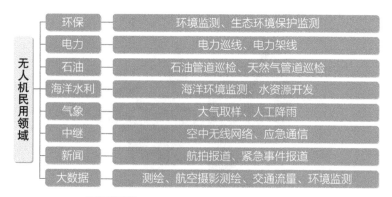

无人机民用领域	环保	环境监测、生态环境保护监测
	电力	电力巡线、电力架线
	石油	石油管道巡检、天然气管道巡检
	海洋水利	海洋环境监测、水资源开发
	气象	大气取样、人工降雨
	中继	空中无线网络、应急通信
	新闻	航拍报道、紧急事件报道
	大数据	测绘、航空摄影测绘、交通流量、环境监测

图 1-11 无人机在民用领域的应用（续）

3）消费无人机。

① 用于微型自拍、娱乐的消费无人机，如图 1-12、图 1-13 所示。

图 1-12 微型自拍无人机

（图片源自：AEE）

无人机放鞭炮

图 1-13 无人机放鞭炮

②竞技。用于竞技的穿越机如图1-14所示。

图 1-14 穿越机

（图片源自：全球无人机网）

各类无人机技术性能、应用领域对比见表1-2。

表1-2 各类无人机技术性能、应用领域对比

类型	技术要求	技术性能	应用领域
军用	最高	灵敏度、飞行高度高，飞行航程远，飞行速度快，智能化要求高	察打、诱饵、电子对抗、通信中继、靶机、空战
民用	高	飞行速度、飞行高度较低，航程短	农业植保、国土测绘、物流、警用、消防、气象监测、数据采集、空中无线网络
消费	一般		航拍、娱乐、竞技、表演

（2）按外观特征 无人机主要分为五种：固定翼无人机、无人直升机、多旋翼无人机、扑翼机、垂直起降无人机。扑翼机的应用比较少。

1）固定翼无人机。固定翼无人机比较成熟，其飞行过程非常安全，有自稳定的飞行平台，飞行距离远，对于航程远，大范围、长时间的地图测绘、监控有独特优势，在军用无人机中很常见，在一般民用场合不是太多。因为固定翼无人机起降限制条件太多，不能悬停，巡航条件下速度过快，要求飞行高度相对较高，降落时难度大，在很大程度上难于满足一般使用条件。固定翼无人机如图1-15所示。

图 1-15 固定翼无人机

（图片源自：中航电）

2）无人直升机。传统的无人直升机，其优势是起降方便，航速适中，可以做到随时悬停，载荷续航都还可以，应用比较广泛，但购机成本较高，如图 1-16 所示。

图 1-16 无人直升机

（图片源自：山河科技）

3）多旋翼无人机。多旋翼无人机是一种新型的主流无人机，其优点很明显，如起飞、降落可像无人直升机一样方便，而且技术简单，成本低廉，操作方便，飞行时振动非常小，因此实际应用多种多样，但航时、载重受到了局限。多旋翼无人机如图 1-17 所示。

4）扑翼机。扑翼机也被称为仿生物无人机，其机翼能像鸟和昆虫的翅膀那样上下扑动，如图 1-18 所示。

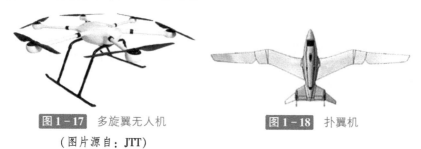

图 1-17 多旋翼无人机

（图片源自：JTT）

图 1-18 扑翼机

5）垂直起降无人机。垂直起降无人机可以是复合翼，也可是固定翼，还可是把多旋翼和固定翼结合起来的无人机，这种无人机可以不用借助跑道，在原地进行垂直起飞和垂直降落，如图 1-19、图 1-20 所示。

图 1-19　垂直起降复合翼无人机　　　图 1-20　垂直起降固定翼无人机
（图片源自：纵横）　　　　　　　　（图片源自：远度）

常见无人机的对比见表 1-3。

表 1-3　常见无人机的对比

项目	固定翼无人机	无人直升机	多旋翼无人机
优势	1. 飞行距离长，巡航面积大 2. 飞行速度快，高度高 3. 可设置航线自动飞行 4. 载荷较大 5. 可设置回收点坐标自动降落	1. 飞行距离长，巡航面积大 2. 起降受场地限制少 3. 载荷较大	1. 体积小，重量轻，噪声小，隐蔽性好，适合多平台、多空间使用 2. 可以垂直起降、悬停、侧飞、倒飞 3. 飞行高度低，具有很强的机动性，执行特种任务能力强 4. 结构简单，操控灵活，成本低，拆装便利，容易维护
不足	1. 不能悬停 2. 只能按固定航线飞行，不够灵活 3. 操作难度较大，容易产生风险 4. 上手较难，需要经过专业培训 5. 成本较高	1. 结构复杂，故障率高 2. 操作难度大 3. 成本较高	1. 飞行速度慢，飞行距离较短 2. 难于实现高空、高速度飞行 3. 环绕建筑拍摄或者飞越大面积建筑群拍摄的难度高，容易发生危险

无人机的质量大小分类见表 1-4。

表 1-4 无人机的质量大小分类

类型	微型	轻型	小型	大型
质量/kg	≤7	>7~116	>116~5700	>5700

无人机的飞行半径见表 1-5。

表 1-5 无人机飞行半径

类型	超近程	近程	短程	中程	远程
半径/km	5~15	>15~50	>50~200	>200~800	>800

 小知识：冯如的飞机

复 习 思 考 题

1. 无人机的英文缩写是_____。

    A. UVS   B. UA. S   C. UA

2. 轻型无人机是指空机质量_____。

    A. 小于或等于 7kg   B. 大于 7kg，小于 116kg

    C. 大于 116kg，小于 5700kg

3. 近程无人机活动半径为_____。

    A. 小于 15km   B. 15~50km   C. 200~800km

4. 不属于无人机机型的是_____。

    A. 塞纳斯   B. 侦察兵   C. 捕食者

5. 不属于无人机系统的是_____。

    A. 飞行器平台   B. 飞行员   C. 导航飞控系统

6. 常规固定翼/旋翼平台是_____大气层内飞行的空气的航空器。

    A. 重于   B. 轻于   C. 等于

第2章 无人机的飞行原理及结构

知识目标
1）熟知大气层。
2）熟知无人机结构。
能力目标
1）对大气层有比较全面的认知。
2）会解读各类无人机的结构。
素质目标
1）与团队成员协作开展无人机安全作业。
2）树立无人机安全作业岗位意识。

2.1 无人机飞行原理

无人机在空中必须克服阻力才能飞行，而大气层、气象条件和空气动力对无人机飞行具有影响。

1. 大气层

大气层分为五层：对流层、平流层、中间层、暖层和外层（散逸层），如图 2-1 所示。

1）大气层分层高度见表 2-1。

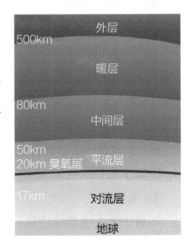

图2-1 大气层的分层

表 2-1 大气层分层高度

分层	对流层	平流层	中间层	暖层	外层（散逸层）
高度/km	0~17	17~50	50~80	80~500	>500

2）飞行区域。

① 对流层（无人机飞行区、天气现象形成区）。

② 平流层（民航飞机飞行区）。

③ 中间层（上部空气稀薄）。

④ 暖层（气象气球飞行区）。

⑤ 外层（卫星飞行区）。

3）飞行高度。民用领域对无人机的要求为：飞行速度通常在 100km/h 以下，飞行高度在 3000m 以下，特殊应用领域在 7000～20000m，见表 2-2。

表 2-2　无人机飞行高度

高度	超低空	低空	中空	高空	超高空
距离/m	0～100	100～1000	1000～7000	7000～20000	>20000

2. 气象条件

气象是指天空中发生的风、云、雨、雪、霜、露、虹、晕、雷电等一切大气物理现象。气象条件是指各种天气现象的水热条件。

1）风、雨、雪、雷电等对无人机的飞行有比较大的影响。

2）气温的高低，尤其是超低温，对无人机飞行也有影响。

3. 空气动力

无人机与空气做相对运动时作用在无人机上的两个力为升力和阻力。

（1）升力

1）连续性定理。当流体连续不断而稳定地流过一个粗细不等的管子时（见图 2-2），由于管中任何一部分的流体都不能中断或挤压起来，因此在同一时间内，流进任意切面的流体质量和从另一切面流出的流体质量应该相等，管道粗的地方（截面 I，截面积为 A_I）流速慢，管道细的地方（截面 II，截面积为 A_{II}）流速快，即 $v_1 A_I = v_2 A_{II}$。

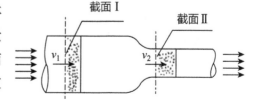

图 2-2　气流经过不同管径的管子时流速的变化

2）伯努利定理。伯努利定理是能量守恒定律在流体力学（空气流动）中的推广应用。在低速（马赫数小于0.3）流动的空气中，参与能量转换的有动能、压力能，气流一流动，就有动能产生。流动速度越大，动能就越大。前提条件如下：

① 气流是连续的、稳定的。流动中的空气与外界没有能量交换。

② 气流密度为常数。

③ 气流中无摩擦，或摩擦效应很小，可以忽略不计。

3）升力的产生。无人机飞行时，机翼周围空气的流线分布是指机翼横截面的形状上下不对称，机翼上方的流线密、流速大，下方的流线疏、流速小。此时机翼上方的压强小，下方的压强大，产生了作用在机翼上的升力 L，如图2-3所示。

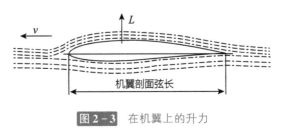

图 2-3　在机翼上的升力

无人机在飞行的过程中，机体上所受的力是平衡的。无人机的重力与无人机产生的升力相平衡，而无人机动力的作用就是克服无人机所受的阻力，推动无人机前进，使得无人机相对于空气做运动，从而产生升力。

（2）阻力　无人机在飞行时，会因为不同原因受到非常大的阻力。无人机所受的阻力分为：摩擦阻力、压差阻力、诱导阻力、干扰阻力、激波阻力。

1）摩擦阻力。当两个物体相互滑动的时候，在两个物体上就会产生与运动方向相反的力，阻止两个物体的力就是摩擦阻力。当无人机在空气中飞行时，会受到空气的摩擦阻力，它是由空气的黏性所造成的。

2）压差阻力。飞行中无人机前、后会形成压强差，由压强差所产生的阻力称为压差阻力。压差阻力大小与无人机的迎风面积、形状和在气流中的位置有很大的关系。

3）诱导阻力。诱导阻力又叫感应阻力，它是固定翼机翼所独有的一种阻力。因为这种阻力是伴随着机翼上升力的产生而产生的，也可以说它是为了产生升力而付出的一种代价。

4）干扰阻力。无人机各部分之间由于气流相互干扰，产生的一种额外阻力，称为干扰阻力。

5）激波阻力。当无人机以音速或超音速运动时，扰动波的传播速度等于或小于无人机前进速度，这样后续的扰动波就会同已有的扰动波叠加在一起，形成较强的波，空气遭到强烈的压缩而形成激波阻力。一般无人机的飞行速度并不快，因此这种阻力很小。

2.2 无人机结构

1. 固定翼无人机

（1）定义　能遥控飞行或自主控制飞行，机翼外端后掠角可随速度自动或手动调整的机翼固定的无人机称为固定翼无人机，如图 2-4、图 2-5 所示。三角翼无人机分解图如图 2-6 所示。

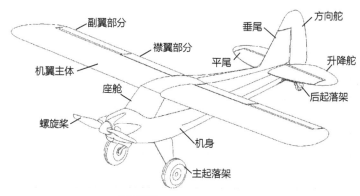

图 2-4　中单翼无人机结构

（图片源自：中航电）

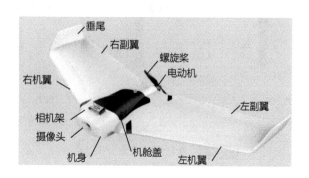

图 2-5　三角翼无人机结构

（图片源自：中航电）

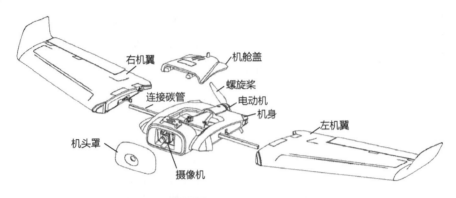

图2-6　三角翼无人机分解图

（图片源自：中航电）

（2）受力分析　固定翼无人机在空气中以一定速度飞行时，机翼相对于空气的运动可以看作是机翼不动，而空气以一定的速度流过机翼。按照流体力学的原理，流动慢的大气压强较大，而流动快的大气压强较小，这样机翼下表面的压强就比上表面的压强大，两者之间压力差便形成了固定翼无人机的升力，其受力分析如图2-7所示。

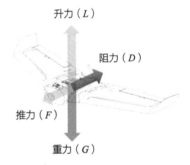

图2-7　固定翼无人机飞行时的受力分析

飞行过程受力分析简图如图2-8所示。

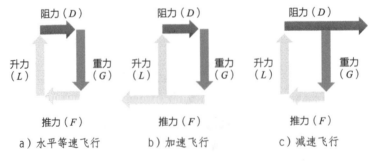

a）水平等速飞行　　　　b）加速飞行　　　　c）减速飞行

图2-8　飞行过程受力分析简图

（3）气动布局

1）常规布局无人机如图2-4所示。

2）三角翼无人机如图 2-5 所示。

3）前翼无尾布局无人机如图 2-9 所示。

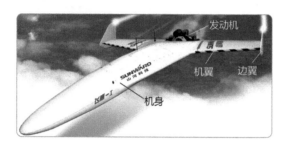

图 2-9 前翼无尾布局无人机

（图片源自：山河科技）

（4）固定翼无人机的分类 按垂尾进行分类，固定翼无人机可分为以下 3 类：

1）单垂翼无人机，如图 2-4 所示。

2）双垂翼无人机。

3）V 形尾翼无人机，如图 2-10 所示。

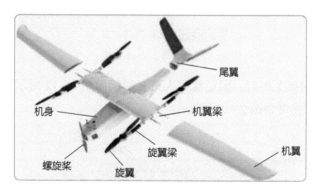

图 2-10 V 形尾翼无人机

（图片源自：山河科技）

（5）固定翼无人机的起降 固定翼无人机适合长航时，高速、高空飞行，但是固定翼无人机起飞、降落对场地有一定的要求。

1）固定翼无人机常见的起飞方式。

① 在土制跑道上起飞，如图 2-11 所示。

图 2 - 11　土制跑道上起飞

（图片源自：山河科技）

　　② 在发射架上弹射。固定翼无人机发射架如图 2 - 12 所示。固定翼无人机在发射架上起飞如图 2 - 13 所示。

图 2 - 12　固定翼无人机发射架

（图片源自：山河科技）

图 2 - 13　固定翼无人机在发射架上起飞

（图片源自：山河科技）

弹射起飞

③ 手抛式起飞如图 2 - 14 所示。

图 2 - 14　手抛式起飞

（图片源自：山河科技）

手抛式起飞

④ 固定翼无人机通过车载发射方式起飞如图 2 - 15 所示。

车载发射

图2-15 车载发射无人机

（图片源自：山河科技）

2）固定翼无人机常见的降落方式。

① 在草地上降落，如图2-16所示。

图2-16 固定翼无人机在草地上降落

（图片源自：山河科技）

草地降落

② 在机场跑道上降落，如图2-17所示。

③ 在航母上降落，如图2-18所示。

图 2 - 17　固定翼无人机在机场跑道上降落　　图 2 - 18　固定翼无人机在航母上降落

④ 用降落伞方式降落，如图 2 - 19 所示。

图 2 - 19　固定翼无人机用降落伞方式降落

（图片源自：山河科技）

2. 无人直升机

（1）定义　能遥控飞行或自主控制飞行，可垂直起降的无人机称为无人直升机。

（2）受力分析　无人直升机飞行时利用主旋翼旋转产生向上的升力，但对机身会产生扭力作用，需要加设一个尾旋翼来抵消扭力、平衡机身，如图 2-20 所示。

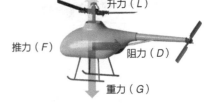

图2-20　无人直升机飞行受力图

（3）类型

1）单桨 + 尾桨无人直升机结构如图 2-21 所示。

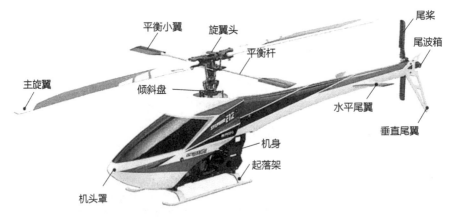

图 2-21　单桨 + 尾桨无人直升机结构

（图片源自：山河科技）

2）双旋翼共轴无人直升机如图 2-22、图 2-23 所示。

图 2-22　双旋翼共轴无人直升机

（图片源自：库卡科技）

　　双旋翼共轴无人直升机的特点如下：双旋翼无人机结构紧凑，外形尺寸小，起飞时没有侧滑现象，悬停效果好，稳定性好，在空中做原地掉头等动作时，不会有附加的位移、姿态变化和掉高现象。

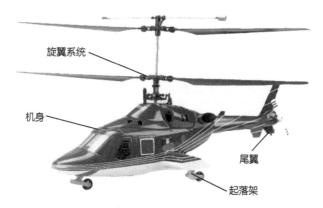

图 2-23　双旋翼共轴无人直升机外观结构
（图片源自：山河科技）

　　3）双旋翼无人直升机如图 2-24 所示。

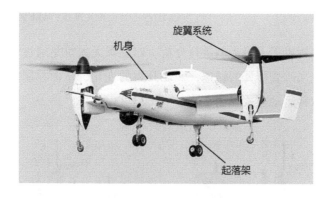

图 2-24　双旋翼无人直升机
（图片源自：山河科技）

3. 多旋翼无人机

（1）定义　具备三个或者三个以上旋翼的无人直升机称为多旋翼无

人机，简称多轴无人机，如图 2 - 25 所示。

（2）飞行原理　多旋翼无人机是由电动机或发动机的旋转带动旋翼旋转，依靠多个旋翼产生的升力来平衡自身的重力而飞起来的。可通过改变每个旋翼的转速来控制无人机的平稳和姿态，而当升力之和

图2-25 多旋翼无人机

（图片源自：TOP）

与无人机总重量相平衡时，无人机就悬停在空中，如图 2 - 26、图 2 - 27 所示。

图 2 - 26　四轴多旋翼穿越无人机

图 2 - 27　四轴多旋翼无人机外观结构

（图片源自：AEE）

下面以四旋翼无人机为例进行分析。四旋翼无人机是通过调节四个无刷电动机的转速来改变旋翼的转速，实现升力的变化，从而控制无人机的姿态和位置的。六种运动方式如图 2 -28 ～图 2 -33 所示。

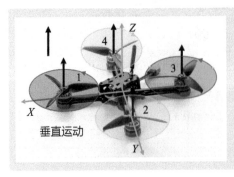

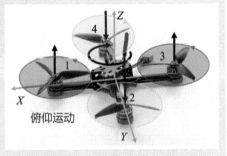

图 2 - 28　四旋翼无人机垂直运动

图 2 - 29　四旋翼无人机俯仰运动

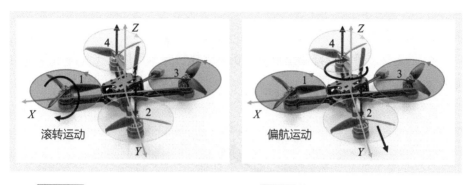

图 2-30　四旋翼无人机滚转运动　　　图 2-31　四旋翼无人机偏航运动

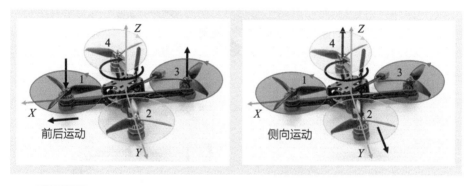

图 2-32　四旋翼无人机前后运动　　　图 2-33　四旋翼无人机侧向运动

（3）类型　多旋翼无人机以轴数或旋翼方式进行命名，如四轴四旋翼、六轴六旋翼、四轴八旋翼、六轴十八旋翼等，如图 2-34 所示。

图 2-34　六轴十八旋翼无人机

（图片源自：山河科技）

4. 垂直起降无人机

（1）定义 垂直起降固定翼无人机不需要滑跑就可以起飞和降落其结构如图 2 – 35、图 2 – 36 所示。

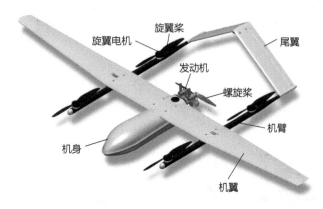

图 2 – 35 垂直起降复合翼无人机结构

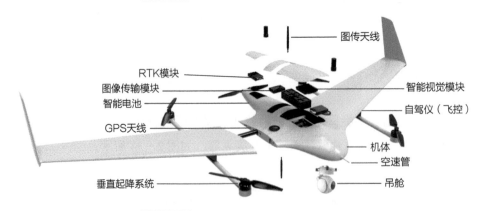

图 2 – 36 垂直起降固定翼无人机结构

（2）垂直起降复合翼无人机起飞过程 垂直起降复合翼无人机起飞过程如图 2 – 37 所示。

（3）垂直起降复合翼无人机降落过程 垂直起降复合翼无人机降落过程如图 2 – 38 所示。

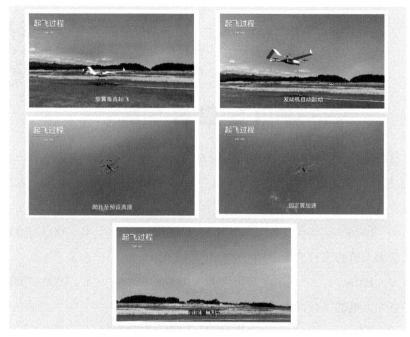

图 2-37　垂直起降复合翼无人机起飞过程

（图片源自：纵横）

图 2-38　垂直起降复合翼无人机降落过程

（图片源自：纵横）

小知识："两弹一星"功勋科学家　钱学森

复 习 思 考 题

1. 飞行高度一般在 0～100m 之间的无人机为_____。

　　A. 超低空无人机　　　　　　B. 低空无人机　　　　　　C. 中空无人机

2. 高空无人机的飞行高度一般在_____之间。

　　A. 0～100m　　　　　　　　B. 100～1000m　　　　　　C. 7000～20000m

3. 低空无人机的飞行高度一般在_____之间。

　　A. 0～100m　　　　　　　　B. 100～1000m　　　　　　C. 1000～7000m

4. 中空无人机的飞行高度一般在_____之间。

　　A. 0～100m　　　　　　　　B. 100～1000m　　　　　　C. 1000～7000m

5. 不属于抵消旋翼机反转力矩的方法是_____。

　　A. 使用尾桨　　　　　　　　B. 使用共轴旋翼　　　　　　C. 增大旋翼半径

6. 不属于无人机起飞方式的是_____。

　　A. 弹射　　　　　　　　　　B. 滑跑　　　　　　　　　　C. 滑翔

7. 不属于无人机回收方式的是_____。

　　A. 伞降　　　　　　　　　　B. 飘落　　　　　　　　　　C. 气囊回收

8. 下列哪种形式的旋翼飞行器不是直升机_____。

　　A. 单旋翼带尾桨式　　　　　B. 共轴双旋翼式　　　　　　C. 自转旋翼式

9. 尾桨的功能是_____。

　　A. 在单旋翼直升机上，保证纵向稳定性

　　B. 在单旋翼直升机上，能对直升机航向起到操纵和稳定作用

　　C. 在单旋翼直升机上，提供升力

10. 旋翼机飞行时间的含义是指_____。

　　A. 自旋翼机起飞离地到着陆接地的时间

　　B. 自旋翼机起飞滑跑至着陆滑跑终止的时间

　　C. 自旋翼机旋翼开始转动至旋翼停止转动的时间

11. 旋翼机可以在距离障碍物 10m 以外，1~10m 的高度飞行，但飞行速度不得超过_____。

　　A. 10km/h　　　　　　　　B. 15km/h　　　　　　　　C. 20km/h

12. _____航空器平台结构通常包括机翼、机身、尾翼和起落架等。

　　A. 单旋翼　　　　　　　　B. 多旋翼　　　　　　　　C. 固定翼

13. 现代旋翼无人机通常包括_____。

　　A. 无人直升机、旋翼无人机

　　B. 单旋翼和多旋翼

　　C. 无人直升机、多轴和旋翼机

14. 为了克服"旋翼"旋转产生的反作用_____，常见的做法是加一个小型旋翼（即尾桨）。

　　A. 力　　　　　　　　　　B. 力矩　　　　　　　　　C. 扭矩

15. _____采用上下共轴反转的两组旋翼来平衡旋翼转矩。

　　A. 共轴式直升机

　　B. 单旋翼带尾桨直升机

　　C. 单旋翼无尾桨直升机

16. 共轴式无人直升机的主要气动特点不包括_____。

　　A. 具有较高的悬停效率

　　B. 废阻面积小于单旋翼直升机

　　C. 具有较大的俯仰、横滚控制力矩

17. 无人直升机在空中有_____个自由度。

　　A. 3　　　　　　　　　　　B. 4　　　　　　　　　　　C. 6

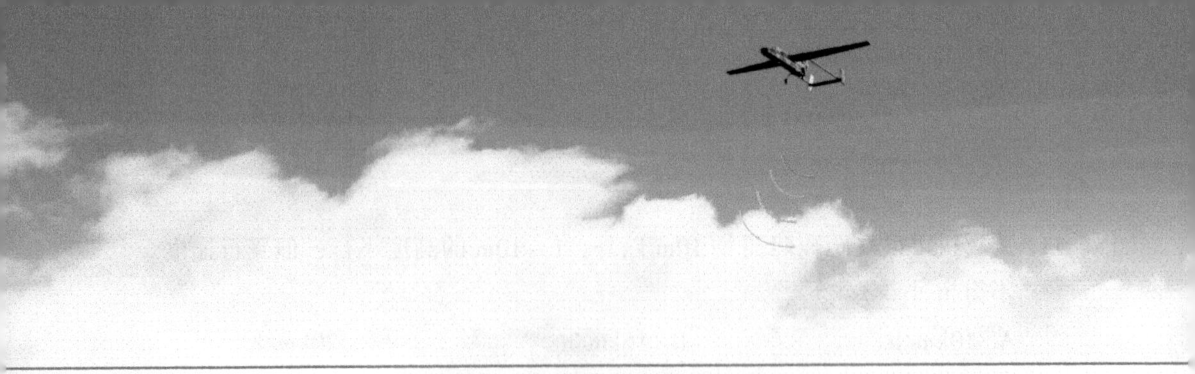

第 3 章　无人机的动力

知识目标

1）熟知 2 种航空发动机的工作原理。

2）熟知锂电池电动机的分类及使用注意事项。

3）熟知油电无人机的混合动力。

4）熟知氢能无人机的动力。

5）熟知太阳能无人机的动力。

能力目标

1）对无人机的动力有比较全面的认知。

2）会根据无人机的用途选择无人机的动力。

素质目标

1）与团队成员协作，开展无人机安全作业。

2）树立无人机安全作业岗位意识。

3.1 活塞航空发动机

1. 工作原理

活塞航空发动机（见图 3－1）是一种四冲程（依次为吸气、压缩、膨胀和排气）由火花塞点火的发动机，其工作原理如图 3－2 所示，其分解图如图 3－3 所示。

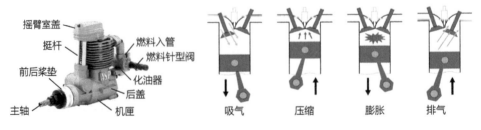

图 3－1　四冲程活塞航空发动机

（图片源自：三叶）

图 3－2　活塞航空发动机工作原理

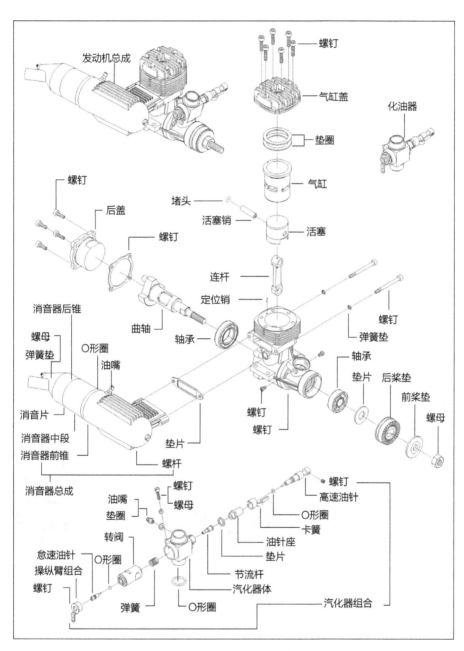

图 3-3 四冲程活塞航空发动机分解图

(图片源自：三叶)

2. 活塞航空发动机的优点

活塞航空发动机体积小、成本较低、工作可靠，它通过螺旋桨旋转产生推进力，使无人机能在空中稳定飞行，适合于低速、低空小型无人机使用。采用活塞航空发动机的油动多旋翼无人机结构如图 3 - 4 所示。五缸星形活塞航空发动机如图 3 - 5 所示。

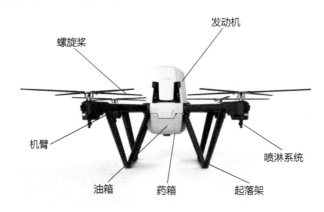

图 3 - 4 油动多旋翼无人机结构

（图片源自：西安天问）

图 3 - 5 五缸星形活塞航空发动机

（图片源自：三叶）

3. 活塞航空发动机的缺点

对于以螺旋桨旋转产生动力的无人机，活塞航空发动机的效率在飞行速度大于 700km/h 后会急剧下降，其飞行速度不可能达到声速或超过声速。

3.2 涡轮航空发动机

涡轮航空发动机根据能量输出的不同可分为：涡轮轴航空发动机、涡轮风扇航空发动机和涡轮螺旋桨发动机。

1. 涡轮轴航空发动机

（1）原理 涡轮轴航空发动机简称涡轴发动机，是一种输出轴功率的发动机。其工作时有进气、加压、燃烧和排气四个阶段。涡轴发动机与活塞航空发动机的区别是，其四个阶段是连续的，气体依次流经发动机各个部分，并对应着活塞航空发动机的四个工作位置，而活塞航空发动机是分时、依次进行的。

（2）结构 涡轴发动机机体结构包括：进气道、压气机、燃烧室、涡轮及尾喷管，如图 3-6 所示。

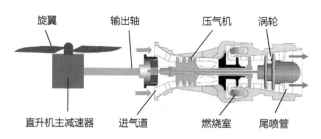

图 3-6 涡轴发动机结构

装配涡轴发动机的无人直升机如图 3-7 所示。

图 3-7 装配涡轴发动机的无人直升机

（图片源自：山河科技）

2. 涡轮风扇航空发动机

一半靠喷气一半靠涡轮带动发动机内部风扇叶搅动空气的航空发动机是涡轮风扇航空发动机。对于有高空、长航时要求的大型无人机，一般使用涡轮风扇航空发动机。

（1）原理　涡轮风扇航空发动机工作时，从前端吸入大量的空气，燃烧后高速喷出，在此过程中，发动机向气体施加力，使之向后加速，气体也给发动机一个反作用力，推动无人机前进。

（2）结构　涡轮风扇航空发动机的主要部件包括：风扇、增压级、高压压气机、燃烧室、高压涡轮、低压涡轮整流罩、尾锥和尾喷管（分为内涵喷管和外涵喷管），如图3-8所示。

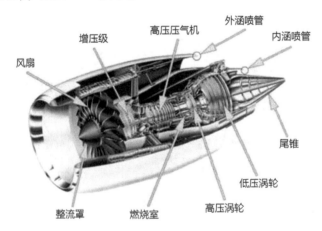

图 3-8　涡轮风扇航空发动机内部结构

（3）装配涡轮风扇航空发动机的美国全球鹰无人机（见图3-9）

图 3-9　装配涡轮风扇航空发动机的美国全球鹰无人机

3. 涡轮螺旋桨发动机

靠涡轮带动航空发动机外部桨叶搅动空气的发动机是涡轮螺旋桨发动机，简称涡桨发动机。涡桨发动机结构如图 3 - 10 所示。TPE331 涡桨发动机如图 3 - 11 所示。

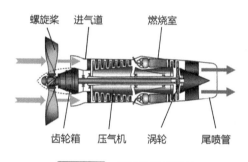

图 3 - 10　涡桨发动机结构　　　　**图 3 - 11**　TPE331 涡桨发动机

（1）原理　涡桨发动机的工作原理与活塞航空发动机基本相同，都是以螺旋桨旋转时所产生的力量作为无人机前进的推进力，与活塞航空发动机的主要差异如下：

1）驱动螺旋桨中心轴的动力不同，一个是涡轮，另一个是活塞。

2）涡桨发动机螺旋桨速率恒定，而活塞航空发动机螺旋桨的速率则会随着发动机转速变化而变化。

（2）结构　涡桨发动机的结构包括：进气道、压气机、燃烧室、涡轮、尾喷管、一副螺旋桨和一套减速齿轮。

（3）优势　涡桨发动机的优势有：经济、安全、平稳、环保。

（4）用途　美国捕食者无人机装配了涡桨发动机，如图 3 - 12 所示。

图 3 - 12　美国捕食者无人机

3.3 锂电池电动机

要求重量轻、执行任务用时在1h范围内的无人机，大部分是以锂电池电动机为动力源的无人机。锂电池电动机结构包括：螺旋桨、电动机、电子调速器和电池等，如图3-13所示。

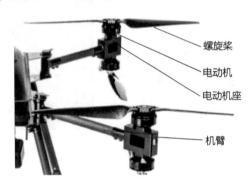

螺旋桨
电动机
电动机座
机臂

图 3 - 13 锂电池电动机结构

（图片源自：山河科技）

1. 螺旋桨

螺旋桨在空气中旋转将发动机转动的功率转化为推进力或升力，简称桨叶，如图3-14所示。

（1）桨叶标注参数　直径×螺距。

螺距是指桨叶旋转一圈的前进距离。桨叶旋转时，桨叶上的点离轴心的距离不同，因而前进的距离也不同。桨叶都是定螺距的，即桨叶旋转一圈，桨叶上每一点的螺距都一样。所以越靠近轴心，桨叶的角度就越大，而桨叶尖角部分的角度就比较小，桨叶靠轴心部分的效率很低。为此，大多数无人机都在桨叶头部装上机头罩，以降低飞行中的阻力。

图3-14 桨叶

（图片源自：蓝东明）

（2）桨叶螺距的选择　若需要无人机飞得慢，则应该选择小螺距的桨叶；若需要无人机飞得快，则选择大螺距的桨叶。

（3）桨叶方向　桨叶有正桨、反桨之分。桨叶正面光滑，有螺旋桨参数值，当正面朝前时，逆时针方向旋转产生拉力的为正桨，正桨桨面上以字母"L"标注；顺时针方向旋转产生拉力的为反桨，反桨桨面上以字母"R"标注，如图3-15所示。正、反桨在多旋翼上是成对使用的，可使其均衡。

图3-15　碳纤维正、反桨叶

（4）桨叶数量　桨叶包括2叶、3叶、4叶、5叶、6叶和8叶，以2叶、3叶为主。桨叶的数量是根据飞行速度来选择的：飞行速度低时，桨叶越多越好；飞行速度高时，桨叶越少越好。3叶、5叶桨叶如图3-16所示，6叶桨叶如图3-17所示。

图 3-16　3 叶、5 叶桨叶　　　　**图 3-17**　6 叶桨叶

2. 电动机

电动机可分为有刷电动机和无刷电动机。有刷电动机转子绕线圈转动，外部嵌入永磁体，电动机转动的时候通过换向器与电刷连接来切换电动机的磁场，如图3-18所示。其优点是：直接通直流电源就可以转动，不需要另外的电子调速器来驱动电动机，通过直流电源的电压来调整电动机的转速。其缺点是：寿命低、噪声大，换向时容易产生火花，不适合于对火花要求严格的场所（如加油站、化工场所）。

图 3-18　有刷电动机外观及结构

（图片源自：蓝东明）

　　无刷电动机由定子线圈组成，转子嵌入磁铁，通过电子调速器控制线圈磁场的变化来驱动转子转动，如图 3-19 所示。其优点是：寿命长、噪声低、运行时无火花，适合各种要求高的环境。多旋翼无人机一般使用无刷电动机。其缺点是：无刷电动机成本高，需要外加控制来驱动无刷电动机的转动。

　　下面主要介绍无刷电动机。

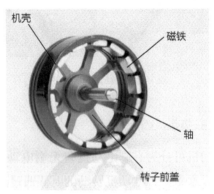

图 3-19　无刷电动机外观及结构

（图片源自：蓝东明）

　　（1）无刷电动机的分类　　无刷电动机可分为内转无刷电动机、外转无刷电动机，如图 3-20 所示。

1）内转无刷电动机的特点：转速高、转矩小，适用于高转速，对转矩要求不高的无人机。

2）外转无刷电动机的特点：转速低、转矩大、重量轻，适用于对重量与转矩要求高的无人机。

a）内转无刷电动机　　　　　　　　b）外转无刷电动机

图 3 - 20　内、外转无刷电动机外观

（图片源自：蓝东明）

（2）无刷电动机的命名　无刷电动机常见的命名方式有两种：无刷电动机外径＋长度、无刷电动机铁心外径＋长度。少数是各生产厂家自定的型号。

1）无刷电动机外径＋长度。用游标卡尺测量无刷电动机的外径为35mm，长度为36mm，则此无刷电动机的名称为3536无刷电动机，如图3 - 21所示。

图 3 - 21　测量电动机外径和长度

（图片源自：蓝东明）

2）无刷电动机铁心外径＋长度。用游标卡尺测量无刷电动机铁心外径为28mm，长度为14mm，则无刷电动机的名称为2814无刷电动机，如

图 3 - 22 所示。

图 3 - 22　测量电动机铁心外径和长度

（图片源自：蓝东明）

（3）无刷电动机的参数　无刷电动机的参数主要是 KV 值，表示无刷电动机在"空载"情况下，电子调速器每提升 1V 输出电压时，电动机转速对应的升高量。如图 3 - 20 所示，无刷电动机的 KV 值为 400，表示在 10V 的条件下，其转速为 4000r/min。

（4）匹配

1）无刷电动机与桨叶的匹配主要是指无刷电动机的功率与桨叶大小进行匹配，不同大小的桨叶在不同的转速条件下，体现的功率不一样，桨叶越大，转速越高，功率越大。

2）无刷电动机的功率与电动机直径、铁心的高度成正比。无刷电动机的直径越大，功率越大，无刷电动机越长，功率也越大。直径大小不同的无刷电动机如图 3 - 23 所示。

图 3 - 23　直径大小不同的无刷电动机

（图片源自：蓝东明）

无刷电动机与桨叶搭配的首要条件是：桨叶与无刷电动机的结构相匹配，通常是小无刷电动机配小桨叶，大无刷电动机配大桨叶；高 KV 值配小桨叶，则转速高，功率大；低 KV 值配大桨叶，则转速低，效率高。这就是说，桨叶配得过小，不能发挥最大的推力，犹如大马拉小车，能力过剩；桨叶配得过大，无刷电动机会过热，会使无刷电动机退磁，造成性能永久下降，犹如小马拉大车。

3）安装。桨叶安装在无刷电动机上，如图 3 - 24 所示。桨叶安装在无人机上，如图 3 - 25 所示。

图 3 - 24　桨叶安装在无刷电动机上

（图片源自：蓝东明）

安装桨叶

图 3 - 25　桨叶安装在无人机上

（图片源自：AEE）

3. 电子调速器

电子调速器（Electronic Speed Controller，ESC）是一个控制电动机转速的控制装置。其作用是根据飞控的控制信号，将电池的直流输入转变为一定频率的交流输出，用于控制无刷电动机的转速。

（1）电子调速器类型

1）车模电子调速器如图 3-26 所示。

2）船模电子调速器如图 3-27 所示。

3）航模电子调速器。

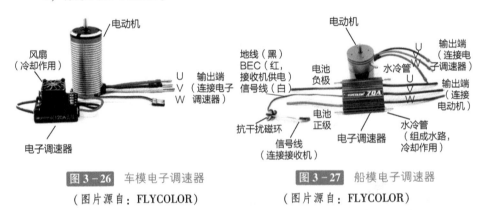

图 3-26 车模电子调速器

（图片源自：FLYCOLOR）

图 3-27 船模电子调速器

（图片源自：FLYCOLOR）

（2）电子调速器参数（见图 3-28）

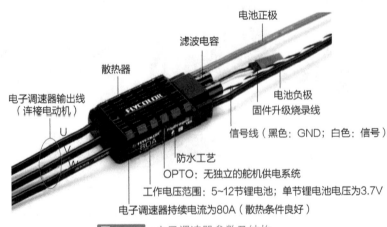

图 3-28 电子调速器参数及结构

（图片源自：FLYCOLOR）

1）电子调速器持续电流：80A。

2）工作电压范围：5～12 节锂电池，单节锂电池电压为 3.7V。

（3）电子调速器与电池、无刷电动机和飞控的连接（见图 3-29）

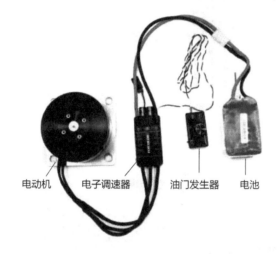

图 3-29　电动机、电子调速器、电池、飞控连接图

（图片源自：FLYCOLOR）

电动机、电子调速器、电池的安装

电动机　　电子调速器　　油门发生器　　电池

1）电子调速器的输入线（最粗的红线、黑线）与电池正、负极相连接。

2）电子调速器的输出线（有刷电动机为两根、无刷电动机为三根）与电动机相连接。

3）电子调速器的信号线（最细的线）与飞控连接。

另外，有的电子调速器有电源输出功能，即在信号线的正负极之间有 5V 左右的电压输出，通过信号线为接收机供电，接收机再为舵机等控制设备供电。

（4）电子调速器内部结构（见图 3-30）

（5）电子调速器接口（见图 3-31）

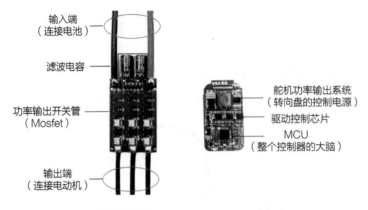

输入端
（连接电池）

滤波电容

功率输出开关管
（Mosfet）

输出端
（连接电动机）

舵机功率输出系统
（转向盘的控制电源）

驱动控制芯片

MCU
（整个控制器的大脑）

图 3 - 30　电子调速器内部结构

（图片源自：FLYCOLOR）

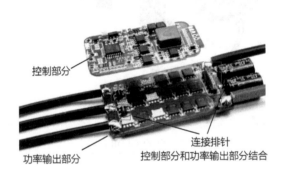

控制部分

功率输出部分

连接排针
控制部分和功率输出部分结合

图 3 - 31　电子调速器的接口

（图片源自：FLYCOLOR）

4. 电池

无人机及航模的电池主要分为两类：镍氢电池、锂电池。

镍氢电池的工作电压是 1.2V，锂电池的工作电压为 3.7V，在同样体积下。锂电池比镍氢电池容量大，售价也比镍氢电池高一些。在普通民用领域里，锂电池还无法取代镍氢电池，但在无人机及航模领域，锂电池已经被广泛应用。应用最广的是锂聚合物电池或高分子锂电池，简称锂电池。锂电池能量高、小型化、超薄化、轻量化，最小厚度仅有 0.5mm。

（1）锂电池的四个基本参数　电池容量、充电倍率、放电倍率、电池节数，如图 3 - 32 所示。

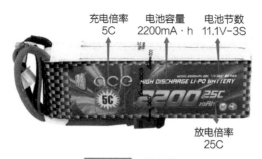

充电倍率 5C   电池容量 2200mA·h   电池节数 11.1V-3S

放电倍率 25C

图 3-32 锂电池

（图片源自：立刻飞）

1）电池容量表示电池存储电量的大小，以安时（A·h）为单位（1A·h = 1000mA·h），如图 3-32 所示，电池容量是 2200mA·h（2.2A·h）。

2）充电倍率表示充电电流的大小，常用 C 来表示。

$$充电倍率 = 充电电流/电池容量$$

电池的最大充电电流 = 充电倍率 × 电池容量（11A = 5C × 2.2A·h）

3）放电倍率表示放电电流的大小，常用 C 来表示。

放电倍率 = 放电电流/电池容量（放电倍率 = 55A/2.2A·h = 25C）

4）电池节数。S 表示一节锂电池，3S 就是三节锂电池串联，如 11.1V-3S 表示三节锂电池串联，每节锂电池标示电压为 3.7V，其总电压为 11.1V。

（2）锂电池充电注意事项　锂电池电芯电压低于 3V 则属于过度放电，锂电池就会膨胀，内部的化学液体会结晶，可能会刺穿锂电池内部结构层，造成短路，甚至会让锂电池的电压变为 0V。

1）充电电流。充电电流不允许超过规定的最大充电电流，高于推荐电流充电，将可能导致锂电池的充放电问题、机械和安全性能方面的问题，并导致发热或泄漏。

2）充电电压。大多数锂电池充电电压能安全地到达 4.25V，其最高电压就是 4.30V。

3）充电温度。锂电池必须在规定的环境温度范围内进行充电，否则锂电池易受损坏。当发现锂电池表面温度异常时（指锂电池表面温度超过 50℃），应立即停止充电。

4）反向充电。正确连接锂电池的正负极，严禁反向充电。若正负极接反，将无法对锂电池进行充电。反向充电会使锂电池受到破坏，甚至导致发热、泄漏、起火。

5）平衡充电。因为制造工艺，没有办法保证每个锂电池完全一致，充电放电特性都有差异。锂电池串联的情况下，就容易造成某些放电过度或充电过度、充电不饱满等，解决办法是分别对内部单节锂电池进行充电。

（3）电池安装　无人机电池安装如图 3 - 33 所示。

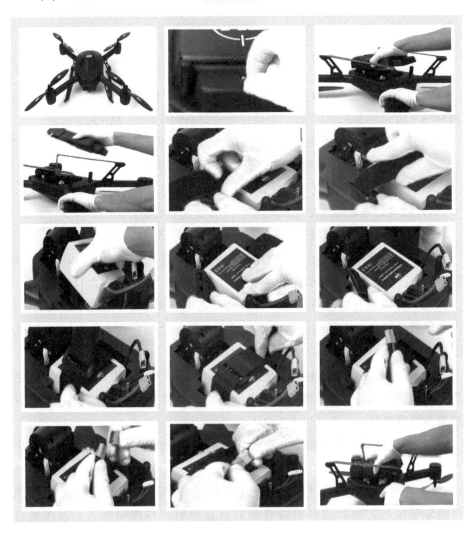

图 3 - 33　无人机电池安装

（图片源自：AEE）

3.4 油电混合（燃油发动机 + 锂电池）

使用燃油发动机、锂电池混合动力的多旋翼无人机及结构如图 3 – 34 所示。

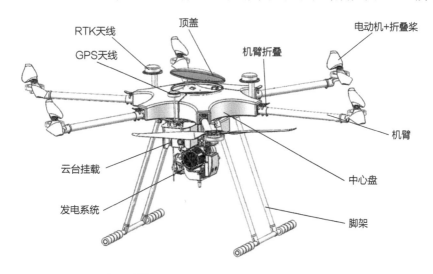

图 3 – 34　油电混合多旋翼无人机及结构

（图片源自：科卫泰）

3.5 氢燃料电池动力

氢燃料电池如图 3 – 35a 所示，以氢燃料电池作为动力的固定翼无人机如图 3 – 35b 所示。

　　a）氢燃料电池　　　　　　　　　　　　b）固定翼无人机

 图 3 – 35　氢燃料电池及固定翼无人机

3.6　太阳能动力

　　太阳能是取之不尽的能源，将其作为无人机动力，是无人机未来发展的方向。我国新研发的彩虹太阳能无人机，已经具备超长航时（留空时间大于24h），飞行高度高（超过20km）的特点，具有"准卫星"特征，其具有部署灵活、经济性好、载荷能力强（20kg）、任务区域广阔等优势，如图3-36所示。

图3-36　彩虹太阳能无人机

小知识："两弹一星"功勋科学家最长的一天

复习思考题

1. 目前主流的民用无人机所采用的动力系统通常为：活塞航空发动机和＿＿＿＿＿＿＿两种。

　　A. 涡喷发动机　　　　　B. 涡扇发动机　　　　　C. 电动机

2. 电动动力系统主要由电动机、＿＿＿＿＿＿＿、动力电源组成。

　　A. 电池　　　　　　　　B. 调速系统　　　　　　C. 无刷电动机

3. 从应用上说，涡桨发动机适用于＿＿＿＿＿＿＿。

　　A. 中低空、低速短距/垂直起降无人机

　　B. 高空长航时无人机/无人战斗机

　　C. 中高空长航时无人机

4. 活塞航空发动机过热易出现在_____过程中。

　　A. 长时间爬升　　　　　　B. 巡航　　　　　　　　C. 下降

5. 活塞航空发动机在慢速状态下，工作时间过长，易带来的主要危害是_____。

　　A. 火花塞挂油积炭　　　B. 润滑油消耗量过大　　C. 气缸头温度过高

6. _____电池无人机是由_____、电动机、_____、电池组成。

　　A. 镍氢　　　　　　　　　B. 螺旋桨

　　C. 电子调速器　　　　　　D. 锂电池

7. 电动机分为两类：_____电动机、_____电动机。

　　A. 有磁　　　　　　　　　B. 无磁

　　C. 有刷　　　　　　　　　D. 无刷

8. 锂电池有四个基本参数：_____容量、_____倍率、_____倍率、电池_____。

　　A. 电池　　　　　　　　　B. 容电　　　　　　　　C. 充电

　　D. 放电　　　　　　　　　E. 节数

9. 锂电池电芯电压_____3V 则属于_____，锂电池就会膨胀，内部的化学液体会结晶，可能会刺穿锂电池内部结构层，造成短路，甚至会让锂电池的电压变为_____ V。

　　A. 低于　　　　　　　　　B. 高于　　　　　　　　C. 过度放电

　　D. 过度充电　　　　　　　E. 0　　　　　　　　　　F. 1

10. 油电混合是指_____和_____组成动力系统。

　　A. 燃油发动机　　　　　　B. 重油发动机　　　　　C. 锂电池

第4章　无人机飞控操作系统

知识目标
1) 熟知无人机飞控系统的硬件。
2) 熟知无人机飞控系统的软件。
能力目标
1) 对无人机系统的硬件有比较全面的认知。
2) 对无人机系统的软件有比较全面的认知。
素质目标
1) 与团队成员协作，开展无人机安全作业。
2) 树立无人机安全作业岗位意识。

飞控操作系统（简称飞控系统）是无人机的领航员，相当于人的眼睛和大脑，它控制着无人机的飞行姿态与航向。飞控系统由硬件和软件两部分组成。

4.1 硬件

飞控系统的硬件主要由中央处理器、姿态传感器、高度传感器、避障系统、定位导航系统、通信系统和电路组成，如图 4 - 1、图 4 - 2 所示。

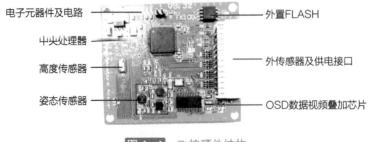

电子元器件及电路　　　　　　　　　　　　外置FLASH
中央处理器
高度传感器　　　　　　　　　　　　　　　外传感器及供电接口
姿态传感器　　　　　　　　　　　　　　　OSD数据视频叠加芯片

图 4 - 1　飞控硬件结构

（图片源自：华业航空）

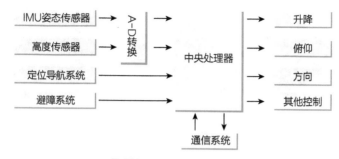

图 4-2 飞控硬件框架

（图片源自：华业航空）

1. 中央处理器

（1）作用 中央处理器是无人机的大脑，是飞控系统的主控处理器，其型号、参数见表 4-1。它通过运算控制代码和读取传感器的数据来完成无人机的姿态控制及其他任务。常用中央处理器如图 4-3 所示。

表 4-1 常用中央处理器的型号、参数

名称	C51 C8051	ATmega 2560	STM32 ARM Cortex 32	Qualcomm® Snapdragon™ 801	Intel Atom x7-Z8750
类型	MCU	MCU	MCU	ARM	X86
位数	8	8	32	32	64
运行频率/MHz	20	16	168	2500	2560
核心数	1	1	1	4	4
GPU	无	无	无	Qualcomm® Adreno™ 330 GPU	HD Graphics
RAM/KB	0.25~2.25	8	192	无	无
FLASH/KB	32	256	512~1024	无	无
制程	—	—		28nm	14nm
系统	—	—	RTOS	Linux	Linux
其他				支持 LP-DDR3 内存、4K 视频录制等	支持 LP-DDR3 1600 8G
代表平台	—	MWC、APM	主流无人机平台	Snapdragon Flight	Intel® Aero Compute Board

图 4-3　常用中央处理器

　　一架无人机上通常有 5 个以上处理器,除了主控处理器外,还有无刷电动机控制处理器、图像算法处理器、云台控制处理器、避障解算处理器等。

　　无人机的飞行不需要强大的 CPU 支持,其飞行稳定算法也不需要强大的处理器,用 20 世纪 80 年代初的 8 位单片机就够用,较高级的 Arduino2560上使用的 ATmega2560,其运行频率才 16Hz,与现在手机或计算机上的 2 ~3GHz 相差甚远,目前最新的 STM32 系列频率也只有 168MHz。

　　(2) 特点

　　① 运行内存小。其内存还没有智能手机的内存大。

　　② 稳定性、实时性要求高。对操作系统要求非常高;对中央处理器的稳定性要求非常苛刻,任何一点小故障都可能会使无人机坠机,如图 4-4 所示。

图 4-4　多旋翼无人机坠机

(图片源自:华业航空)

2. 姿态传感器

　　姿态传感器是由陀螺仪、加速度计、磁力计组成的,如图 4-5 所示。小型无人机由于可载重量小,所以使用的传感器要求非常轻。

图4-5　姿态传感器

陀螺仪和加速度计分别用于测量无人机倾斜角度和无人机加速度。典型的姿态传感器有 MPU6000、MPU6050、MPU9250 等，如图 4-6 所示。

图 4-6　典型的姿态传感器

（MPU6000、MPU6050、MPU9250）

通过陀螺仪和加速度计，就能使无人机在空中平稳飞行，传感器、速度采集模块的安装位置如图 4-7 所示。

（1）陀螺仪　如图 4-8 所示，陀螺仪可以这样理解：把一个高速旋转的陀螺放到万向坐标系里，陀螺怎么转都不会倒，这样陀螺在高速旋转时就能保持稳定，从而可用来辨认方向、确定姿态、计算角速度。陀螺仪传感器如图 4-9 所示。

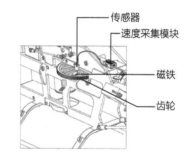

图4-7　传感器、速度采集模块的安装位置

（图片源自：富斯科技）

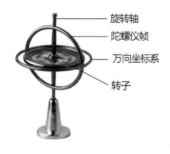

图 4-8　陀螺仪

图 4-9　陀螺仪传感器

（2）加速度计　加速度计作为无人机惯性导航系统的基本组成元件，是测量无人机三维加速度的传感器，其工作原理如图 4-10 所示。

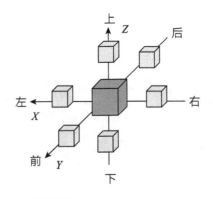

图4-10 加速度计的工作原理

(3) 磁力计 磁力计又称电子罗盘或电子指南针，是非常重要的导航工具，能实时为无人机提供航向和姿态，即为无人机准确提供方向、角度信息。常见的磁力计有 LSM303D、HMC5883l、HMC5893l，如图 4-11 所示。

图4-11 磁力计

3. 高度传感器

高度传感器为飞控系统反馈无人机实时高度信息。常见的高度传感器有气压计、测距传感器两大类。

(1) 气压计 气压计通过实时气压的高低来判断无人机的实际高度，再配合 GPS 所取得的经度和纬度来快速地计算出无人机所在的位置。从理论上来说，GPS 是一个四维空间，它可以获取到一个三维空间坐标和一个时间坐标，实际上大多数无线通信基站都需要经过几分钟的时间，才能通过 GPS 精确定位无人机的地理坐标，难以实现无人机同步通信。此时就需要通过气压计来进行辅助，GPS 判断出无人机所在的平面（X、Y 坐标）位置，气压计判断出无人机的垂直高度（Z 坐标），并能直接定位。最常见的气压计有

MS5611、BMP085、BMP180 等，如图 4 - 12 所示。

图 4 - 12　气压计

（2）测距传感器　通过超声波、激光、激光雷达、红外线等多种手段，可以实时测量无人机与地面之间的距离，来得到高度信息。

① 通过超声波。超声波测距传感器 如图 4 - 13 所示。

② 通过激光。激光测距传感器如图 4 - 14 所示。其中，LDM301 激光测距传感器测量范围通常在 300m 以内，加上反射板可以测量到 3000m，其测量精度能达到 20mm，但成本较高。

图 4 - 13　超声波测距传感器　　　　图 4 - 14　激光测距传感器

③ 通过激光雷达。多旋翼无人机搭载的激光雷达如图 4 - 15 所示。

激光雷达

图 4 - 15　多旋翼无人机搭载的激光雷达

（图片源自：山河科技）

④ 通过红外线。红外线测距传感器如图4-16所示。

图4-16　红外线测距传感器

4. 避障系统

无人机可通过安装视觉、红外线、微波、激光、雷达等避障模块，或通过预设程序做悬停、自动绕行等方式，使其在自动飞行中有效躲避各种来自地面及周边物体的障碍，以获取更直接、更安全的飞行路线。随着无人机飞行高度的增加，所遇到的障碍物就会随之减少，对避障的需求也会降低。

5. 定位导航系统

（1）室外定位导航系统　使用全球卫星定位系统，如美国的GPS、俄罗斯的格洛纳斯、中国的北斗、欧洲的伽利略，采用卫星+通信方式，通过定位卫星（图4-17）来进行测时、测距；定位卫星所处的运动轨道形成一个网状面，按照三点定位，在地球表面的任意一点都可以同时接到3颗以上卫星的信号，如图4-18所示。

图4-17　定位卫星

卫星在运动过程中，会一直不断地发出电波信号，信号中包含着数据包和时间信号，接收机通过接收多颗卫星的数据包、时间信号，用三角向量关系可计算出无人机所在的位置。普通卫星导航的误差在3m以内。

为确保高精度的导航，就需要使用实时动态（RTK）技术（图4-19）、载波相位差分技术，即通过实时处理两个测量站载波相位观测量的差分方法，将基准站采集的载波相位发给用户接收机，通过求差解算出坐标，其最高定位精度可以达到厘米级。

图 4 - 18　卫星定位

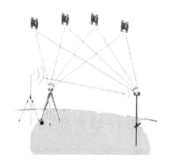

图 4 - 19　实时动态（RTK）技术

（图片源自：华业航空）

（2）室内定位导航系统　进入室内后，GPS 信号就会被建筑物遮挡，导致无人机无法使用卫星定位，此时需要使用光流传感器进行位置辅助定位，光流传感器如图 4 - 20 所示；室内定位无人机如图 4 - 21 所示。

图 4 - 20　光流传感器

（图片源自：华业航空）

图 4 - 21　室内定位无人机

（图片源自：AEE）

4.2　软件

软件由控制代码和操作系统两部分组成。

1. 简单姿态飞行的控制

简单姿态飞行，不需要通过操作系统就能实现。

2. 复杂姿态飞行的控制

复杂姿态飞行和操作任务需要配合飞控操作系统才能实现。

（1）操作系统　无人机飞控上的操作系统采用实时操作系统（RTOS），此系统能够快速处理、响应、控制、协调所有的实时运行及任务的操作，常用的 RTOS 有 Nuttx、PIOS、CoOS、ChibiOS、RT-Thread、FreeRTOS 等。其软件编程如图 4-22 所示。

```
MultiWii   Alarms.cpp   Alarms.h   EEPROM.cpp   EEPROM.h   GPS.cpp   GPS.h   IN

#include <avr/eeprom.h>
#include "Arduino.h"
#include "config.h"
#include "def.h"
#include "types.h"
#include "EEPROM.h"
#include "MultiWii.h"
#include "Alarms.h"
#include "GPS.h"

void LoadDefaults(void);

uint8_t calculate_sum(uint8_t *cb , uint8_t siz) {
  uint8_t sum=0x55;  // checksum init
  while(--siz) sum += *cb++;  // calculate checksum (without checksum byte)
  return sum;
}

void readGlobalSet() {
  eeprom_read_block((void*)&global_conf, (void*)0, sizeof(global_conf));
  if(calculate_sum((uint8_t*)&global_conf, sizeof(global_conf)) != global_conf.checksum) {
    global_conf.currentSet = 0;
    global_conf.accZero[ROLL] = 5000;    // for config error signalization
```

图 4-22　软件编程

（图片源自：华业航空）

（2）软件常用算法

1）控制算法。为了让无人机能稳定飞行，除了必要的代码、系统外，需要使用对应的控制算法，最常用的是 PID 控制算法。此种算法直接控制无人机的动力系统，通过调节、控制以免无人机响应速度过快或者过慢；在无人机姿态信息和动力之间建立比例、积分和微分关系，通过调整各个环节的值，使其动态响应速度既不过快也不过慢，从而让无人机达到非常平稳的飞行姿态。PID 控制算法图解如图 4 - 23 所示。

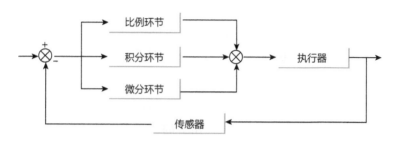

图 4 - 23　PID 控制算法图解

（图片源自：华业航空）

2）滤波算法。信号在传输与检测过程中，很难避免外界的干扰与设备内部噪声的影响，为获得准确的信号，需要对信号进行滤波，即从混合在一起的诸多信号中提取出有用信号。无人机软件上常用的是 Kalman 滤波算法，如图 4 - 24 所示。

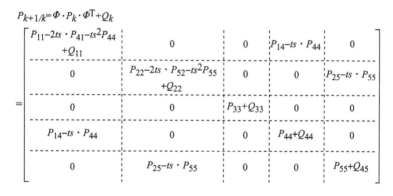

图 4 - 24　Kalman 滤波算法

（图片源自：华业航空）

 小知识：守护信息安全的中文操作系统

复习思考题

1. 飞控系统是无人机的_____，相当于人的_____和_____。

   A. 领航员　　　　　B. 眼睛　　　　　C. 双手　　　　　D. 大脑

2. 飞控系统控制着无人机的飞行_____与_____。

   A. 航线　　　　　B. 姿态　　　　　C. 航向

3. 飞控系统是由_____和_____组成的。

   A. CPU　　　　　B. 软件　　　　　C. 芯片　　　　　D. 硬件

4. 无人机的硬件由_____、_____传感器、_____传感器、_____传感器、_____系统、_____系统、_____系统和电路组成。

   A. 中央处理器　　B. 姿态　　　　　C. 高度　　　　　D. 测距

   E. 避障　　　　　F. 定位导航　　　G. 通信

5. 无人机的飞行_____强大的 CPU 支持。

   A. 需要　　　　　B. 不需要

6. 一架无人机上通常有_____个以上处理器，除了主控处理器外，还有_____处理器、_____处理器、_____处理器、_____处理器等。

   A. 4　　　　　　　B. 5　　　　　　　C. 无刷电动机控制

   D. 图像算法　　　E. 云台控制　　　F. 电动机控制　　G. 避障解算

7. 无人机飞行稳定算法_____强大的处理器。

   A. 需要　　　　　B. 不需要

8. 无人机使用_____就够用。

   A. 8 位单片机　　B. 16 位单片机　C. 32 位单片机

   D. 64 位单片机　　E. 128 位单片机

9. 无人机微处理器的运行频率有_____Hz 就能保证使用。

   A. 8　　　　　　　B. 16　　　　　　C. 64　　　　　　D. 128

   E. 256　　　　　　F. 1G　　　　　　G. 3G

10. 无人机的中央处理器的_____就要求非常_____。

    A. 平稳性　　　　B. 稳定性　　　　C. 苛刻　　　　D. 高

11. 姿态传感器由_____、_____、_____组成。

    A. 陀螺仪　　　　B. 加速度计　　　C. 高度计　　　D. 磁力计

12. 无人机的高度传感器分为_____和_____两大类。

    A. 气压计　　　　B. 光流传感器　　C. 测距传感器

13. 无人机的避障系统可以安装_____、_____、_____、_____、_____等避障模块。

    A. 视觉　　　　　B. 红外　　　　　C. 微波

    D. 激光　　　　　E. 雷达

14. 无人机定位导航系统分为_____和_____两类。

    A. 室内　　　　　B. 广场　　　　　C. 山地　　　　D. 室外

15. 无人机使用的全球卫星定位系统有美国的_____、俄罗斯的_____、中国的_____、欧洲的_____。

    A. GPS　　　　　B. 格洛纳斯　　　C. 北斗　　　　D. 伽利略

16. 无人机需要高精度导航时，就使用_____技术和_____技术。

    A. 动态　　　　　　　　　　B. 实时动态（RTK）

    C. 载波相位　　　　　　　　D. 载波相位差分

17. 无人机软件由_____和_____两部分组成。

    A. 代码　　　　　B. 控制代码　　　C. 系统　　　　D. 系统操作

18. 无人机软件上常用的两种算法是_____和_____。

    A. 飞控算法　　　B. 控制算法　　　C. 滤波算法

19. 无人机为了避免外界的_____与设备_____的影响，获得准确的信号，需要对信号进行_____。

    A. 干扰　　　　　B. 内部噪声　　　C. 过滤　　　　D. 滤波

第 5 章　无人机通信

知识目标
　　1）熟知无人机遥控器。
　　2）熟知无人机数据、图像传输。
能力目标
　　1）对无人机遥控器有比较全面的认知。
　　2）对无人机数据、图像传输有比较全面的了解。
素质目标
　　1）与团队成员协作，开展无人机安全作业。
　　2）树立无人机安全作业岗位意识。

　　无人机通信系统相当于人的耳朵、嘴巴。无人机是通过通信用的无线信号来进行控制、指挥的。

5.1　无线信号

　　无人机的无线信号包括遥控器信号、数据信号和图像传输信号。

5.2　遥控器

　　遥控器也称为发射机，是控制固定翼无人机、无人直升机与多旋翼无人机飞行的重要工具。不同类型的无人机，其结构不同，相对应的遥控器功能菜单也有所不同，但都大同小异。初期的遥控器需要架设天线，通过无线电控制系统对无人机进行简单的控制，现在可通过数字比例无线电控制系统进行控制。

1. 类型

遥控器分为板型控制器（简称板控，见图 5 - 1）

图 5 - 1　板型控制器
（图片源自：富斯科技）

和枪型控制器（简称枪控，见图 5 - 2）两类，二者在外观和功能上均有不同。

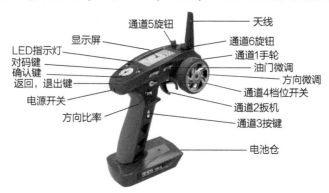

图 5 - 2 枪型控制器及面板结构

（图片源自：富斯科技）

（1）外观

①板控：侧重双手操控，主要由总成座、开关、按键或旋钮组成。

②枪控：主要由手轮、扳机、开关、按键或旋钮组成。

（2）功能

①板控：控制无人机。

②枪控：控制车辆、潜艇、船等模型。

2. 界面

在此以板型控制器为例介绍遥控器界面。

（1）正面 遥控器正面各手柄、开关明细如图 5 - 3 所示。

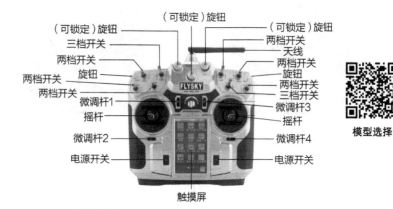

图5-3 遥控器正面各手柄、开关明细

（图片源自：富斯科技）

（2）通道　遥控器的通道负责实现遥控器与接收机的信号交流，共有四个通道，分别是副翼通道、升降通道、油门通道和方向通道。每个通道既可以实现单独功能，也可以实现多个功能，还可以通过混控，实现更加复杂的功能。四个通道对应无人机的不同结构，不同类型的无人机能够实现不同的动作。

（3）摇杆　摇杆有左、右两个，右边摇杆如图 5-4 所示。

1）功能。操纵摇杆时，无人机的实际移动状态如下：

副翼（侧飞）：控制无人机上下翻转/倾斜，控制无人机侧飞。

升降（俯仰）：控制无人机前飞或后飞。

显示舵机

图 5-4　右边摇杆

（图片源自：富斯科技）

油门（升降）：控制无人机上升和下降，控制飞行高度。

方向（偏航）：控制无人机以自身为中心左右水平旋转。

摇杆分为可回中摇杆和不可回中摇杆，不可回中摇杆一般用于油门通道。

2）模式。摇杆有两种常用模式，分别为"美国手"和"日本手"：

① "美国手"是左手油门、方向，右手升降、副翼，如图 5-5 所示。

② "日本手"是左手升降、方向，右手油门、副翼，如图 5-6 所示。

图 5-5　"美国手"

（图片源自：富斯科技）

图 5-6　"日本手"

（图片源自：富斯科技）

（4）微调杆　遥控器上的微调杆通常有四个，是微调功能的快捷键，其分别对应升降通道、副翼通道、方向通道和油门通道，具体对应关系由摇杆模式确定。

（5）背面 遥控器背面如图 5-7 所示。

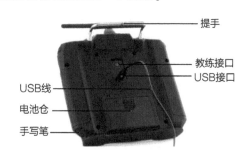

图 5-7 遥控器背面

（图片源自：富斯科技）

1）教练接口。教练接口用于连接教练机和学员机，专为教练模式设置，其专用数据线能把教练机和学员机相互连接，方便教学。通过教练接口进行数据的输入和输出，在学员操作学员机时，教练能够通过教练机控制学员机的信号输出，从而更加安全地教学。

①遥控器作为教练机，接收来自学员机输出的信号。

②遥控器作为学员机，向教练机发送信号。

2）USB 接口。

①为遥控器充电。

②连接计算机，使用遥控器在计算机上模拟操作无人机，帮助初学者熟悉、训练操纵遥控器的各个开关、按键及各项功能。

3）SD 卡。SD 卡槽便于插入内存卡，用于无人机数据的存储和读取。

3. 遥控器与无人机的链接

遥控器是通过无人机上的接收机来控制无人机的，遥控器与接收机之间进行信号传递，并通过通信使其建立稳定的链接。

4. 无人机桨叶转速测量

将光传感器、速度采集模块安装在固定翼无人机上，把反射贴纸固定在需要测试的轴向转动位置，保持贴纸平整，并与传感器垂直，传感器与贴纸之间的距离要适中，传感器会通过光照次数，计算出无人机的转速，如图5-8所示。

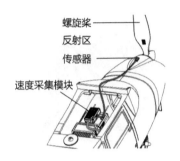

图 5-8　传感器、速度采集模块装在固定翼无人机上

（图片源自：富斯科技）

5.3　数据、图像传输

数据、图像传输是通过通信系统来实现的。无人机数据、图像传输需要控制器与无人机之间有数据链路，其数据链路分为两条，一条发射出去，一条接受进来，即常说的上行、下行两部分，如图5-9所示。

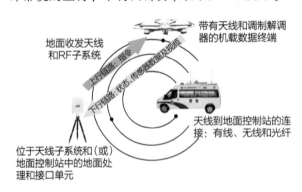

图 5-9　数据链路

1. 上行（从控制器到无人机）

无人机无线数据、视频通信传输系统，其通信系统必须具备"非视距""绕射"的传输特点和良好的穿透能力，才能够满足无人机无线通信的需要。

（1）发射机　把得到的指令和看到的东西发射出去。

1）发射机如图 5－10 ~ 图 5－13 所示。

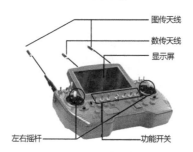

图传天线
数传天线
显示屏
左右摇杆
功能开关

图 5－10　便携式遥控发射机

（图片源自：AEE）

F50 无人飞行器系统安装

图 5－11　便携式遥控发射机天线的安装

（图片源自：AEE）

图 5－12　单兵发射机

（图片源自：科卫泰）

图 5－13　微型发射机

（图片源自：科卫泰）

2）便携式地面站如图5-14所示。

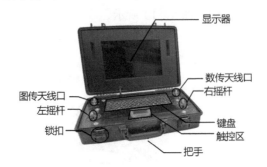

显示器

数传天线口
右摇杆

图传天线口
左摇杆

键盘
锁扣
触控区

把手

图5-14 便携式地面站

（图片源自：AEE）

3）通信器材结构。遥控器及地面站的主要结构如图5-15所示。

图5-15 遥控器及地面站的主要结构

（图片源自：AEE）

4）便携式指挥通信柜内置车载发射机、双向语音接收机、AV矩阵、DVR及3G视频传输系统，具有整套移动视频传输系统所需的全部功能，如图5-16所示。

图5-16 便携式指挥通信柜

（图片源自：科卫泰）

5）移动地面站通信指挥车如图 5-17 所示。

图 5-17 移动地面站通信指挥车

（图片源自：AEE）

（2）机载接收机　用于接收发射机传来的无线电信号，如图 5-18 所示。

2. 天线

天线利用无线电波来传递信息。自动跟踪天线如图 5-19 所示。

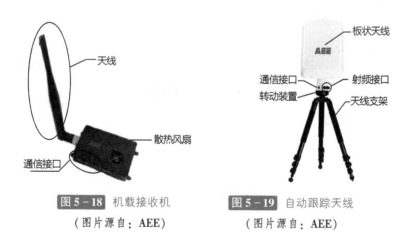

图 5-18 机载接收机

（图片源自：AEE）

图 5-19 自动跟踪天线

（图片源自：AEE）

3. 下行（从无人机到控制器）

（1）发射机　机载发射机如图 5-20 所示。

（2）手持式及手提箱式接收机　可将信号解码还原成图像，如

图 5 - 21 所示。

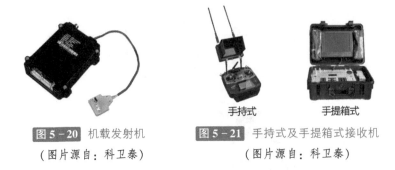

图 5 - 20 机载发射机
（图片源自：科卫泰）

图 5 - 21 手持式及手提箱式接收机
（图片源自：科卫泰）

4. 通信联系

（1）地面移动网络之间的通信联系　地面移动网络之间的通信联系如图 5 - 22 所示。

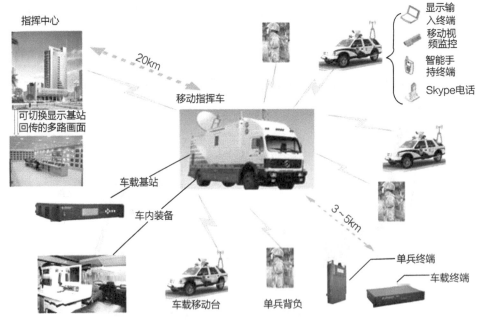

图 5 - 22 地面移动网络之间的通信联系
（图片源自：科卫泰）

（2）低空、地面之间的通信联系

1）点对点的通信联系如图 5 - 23 所示。

2）两点之间的通信联系如图 5 – 24 所示。

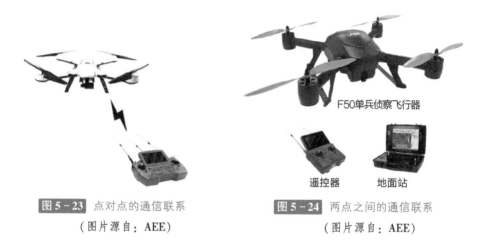

图 5 – 23　点对点的通信联系

（图片源自：AEE）

图 5 – 24　两点之间的通信联系

（图片源自：AEE）

3）多点之间的通信联系如图 5 – 25 所示。

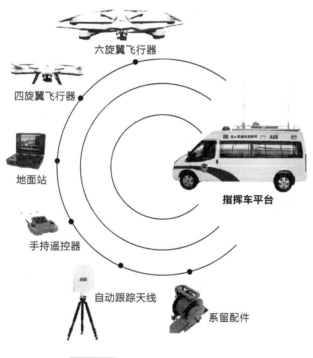

图 5 – 25　多点之间的通信联系

（图片源自：AEE）

4) 网络远程传输通信联系如图 5-26 所示。

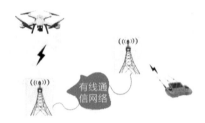

图 5-26 网络远程传输通信联系

（图片源自：AEE）

（3）空间、地面之间的通信联系

1）空间、地面一体，卫星中继，单点通信联系如图 5-27 所示。

图 5-27 单点通信联系

（图片源自：AEE）

2）空间、地面一体，卫星中继，多点通信联系如图 5-28 所示。

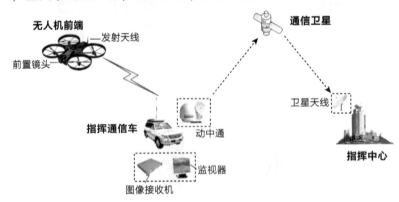

图 5-28 多点通信联系

（图片源自：科卫泰）

小知识：推进民航信息化的汉字终端主板

复习思考题

1. 无人机通信系统相当于人的_____、_____。
   A. 手   B. 眼睛   C. 耳朵   D. 嘴巴

2. 无人机是通过通信的_____来进行_____、_____无人机。
   A. 有线信号   B. 无线信号
   C. 指挥   D. 控制   E. 交流

3. 无人机通常使用的无线信号有_____、_____、_____。
   A. 遥控器信号   B. 数据信号
   C. 微波信号   D. 图像传输信号

4. 遥控器也称为_____，是控制_____、_____与_____飞行的重要工具。
   A. 控制机   B. 发射机   C. 固定翼无人机
   D. 无人直升机   E. 多旋翼无人机

5. 遥控器分为_____类。
   A. 一   B. 二   C. 三

6. 遥控器常用的操作模式有_____、_____。
   A. "中国手"   B. "美国手"   C. "日本手"

7. 无人机的_____、_____传输系统，必须具备"_____""_____"传输特点和良好穿透能力，才能够满足无人机无线通信的需要。
   A. 有线数据   B. 无线数据   C. 视频通信
   D. 非视距   E. 视距   F. 绕射

8. 天线是利用_____来传递信息的。
   A. 光波   B. 微波   C. 电磁波

9. 无人机低空、地面之间的通信联系方式有：_____、_____、_____、_____。
   A. 点对点   B. 两点之间   C. 多点之间   D. 网络远程

10. 无人机空间、地面之间的通信联系方式有：_____、_____。
    A. 点对点   B. 两点之间   C. 多点之间

第6章 无人机材料

知识目标

   1）熟知制造无人机的木材。

   2）熟知制造无人机的金属材料。

   3）熟知制造无人机的非金属材料。

   4）熟知制造无人机的硬纸板。

能力目标

   1）对制造无人机的木材有比较全面的了解。

   2）对制造无人机的金属有比较全面的认知。

   3）对制造无人机的非金属有比较全面的认知。

素质目标

   1）与团队成员协作，开展无人机安全作业。

   2）树立无人机安全作业岗位意识。

无人机在天空中飞行，其重量越轻越好。重量越轻，无人机消耗的动力就越少，能承担的任务就越多；而无人机本身的重量很大程度上取决于制造无人机所用的材料，通常主要制造无人机的材料有木材、金属和非金属、硬纸板4种。

6.1 木材

1. 巴沙木

巴沙木是生长在美洲热带森林里的轻木，其密度为 $0.1g/cm^3$，容易加工，车、铣、油漆以及胶黏性能好，适宜制作航模、无人机的机翼、面板，如图6-1、图6-2所示。

图 6-1　巴沙木木方

图 6-2　航模或无人机的机翼

2. 松木

松木是一种针叶植物，需经人工处理（烘干、脱脂、去除有机化合物），使之不易变形，木质紧密强韧，纹理清晰美观，实用性强，经久耐用，如图 6-3 所示。

3. 桐木

桐木是我国最轻的木材之一，气干密度为 $0.23 \sim 0.40 \mathrm{g/cm^3}$，材质轻而韧，不曲、不翘、不变形，纹理美观，色泽鲜艳，如图 6-4 所示。

图 6-3　松木

图 6-4　桐木

4. 榉木

榉木纹理清晰，木材质地均匀，色调柔和、流畅，硬度比一般的木材要高，木质相对较沉，具有承重性能好、抗压性强等优点，常用来制作无人机的螺旋桨，如图 6-5 所示。

图 6-5　榉木螺旋桨

6.2　金属

1. 普通钢

普通钢具有经济、强度高、刚度好的特点，在工业生产中使用最为广泛，但密度大，在无人机材料中用得较少，无刷电动机轴就是钢制件，如图6-6所示。

图6-6　无刷电动机轴

（图片源自：蓝东明）

2. 铝合金

铝合金密度低，仅为钢的1/3，但强度比较高，接近或超过优质钢，塑性好。大型无人机的机身骨架和机臂、无人机发动机的机体、机架、起落架常使用航空铝合金制造，如图6-7、图6-8、图6-9所示。

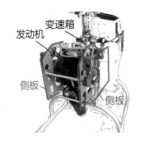

图6-7　发动机、变速箱外壳

（图片源自：库卡科技）

图6-8　起落架

（图片源自：山河科技）

图6-9　铝合金材料机身的"全球鹰"无人侦察机

（图片源自：百度）

3. 铜

使用铜线做导线，其导电性优于其他金属。多旋翼无人机上常用的无刷电动机，其绕组就是使用的铜线，如图6-10所示。

4. 不锈钢

不锈钢指耐空气、蒸汽、水等弱腐蚀介质和酸、碱、盐等化学侵蚀性介质腐蚀的钢。无人机的螺钉、螺母、起落架等部件经常采用不锈钢，如图6-11所示。

图6-10　无刷电动机绕组

图6-11　不锈钢螺栓、螺钉、螺母

6.3 非金属

1. 复合材料

复合材料具有抗疲劳性能好、耐腐蚀性能好、可设计性强的优势，常用的复合材料有碳纤维复合材料、玻璃纤维复合材料和蜂窝夹层复合材料。

（1）碳纤维复合材料　由碳纤维和树脂共同组成，碳纤维加上树脂或其他黏合材料紧密地连接成一体，是一种含碳量在95%以上的高强度、高模量纤维的新型纤维材料，密度比铝的小，但强度却高于钢铁，并且具有耐腐蚀、高模量的特性。其轴向强度和模量高，密度低，无蠕变，非氧化环境下耐超高温、耐疲劳性好，是无人机上常用的材料之一，如图6-12、图6-13所示。

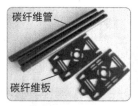

图 6-12 碳纤维板、管及碳纤维片的起落架

（图片源自：山河科技）

图 6-13 整体碳纤维机架及桨叶

（图片源自：AEE）

（2）玻璃纤维复合材料　玻璃纤维是以叶蜡石、石英砂、石灰石、白云石、硼钙石、硼镁石等6种矿石为原料经高温熔制、拉丝、络纱、织布等工艺制成的纤维，其相对密度在1.5~2.0之间，只有碳素钢的1/5~1/4，但拉伸强度却接近，甚至超过碳素钢，其强度与合金钢相当。使用玻璃纤维复合材料制作的无人机机身如图6-14所示。

图 6-14　玻璃纤维复合材料的机身

（图片源自：山河科技）

（3）蜂窝夹层复合材料　其结构的夹芯是蜂窝材料（玻璃布蜂窝、纸蜂窝等），如图 6-15 所示；采用蜂窝夹层复合材料制做出的无人机，如图 6-16 所示。

图 6-15　蜂窝夹层复合材料 　　　图 6-16　蜂窝夹层复合材料无人机

（图片源自：百度）　　　　　　　　　（图片源自：百度）

综上，采用复合材料主要是起到减轻无人机自身的重量，提高无人机的续航时间，美国最新研制的"X-47"无人机中复合材料的用量已经超过90%，被无人机行业称为全复合材料的无人机，如图 6-17 所示。

图 6-17　美国"X-47"无人机

（图片源自：百度）

2. 塑料

塑料质轻，化学性质稳定，不会锈蚀，耐冲击性好，具有较好的透明性和耐磨性，在消费型无人机上用得较多，如图 6 – 18 所示。

图 6 – 18 无人直升机塑料壳体

3. 硬纸板

（1）硬纸板材料

1）以纸浆为主制成的硬板材，其材料的主要成分为纸浆 + 其他化学品 + 树脂。

2）经过加热 + 加压 + 加工 + 压制而成，如图 6 – 19 所示。

（2）硬纸板材料的特点

1）轻便好用，成本低。

2）硬纸板具有一定的硬度和耐久度。

3）具有可再造性和环保性。

图 6 – 19 硬纸板
（图片源自：百度）

4）隐秘性强：雷达反射截面小、红外热信号和噪声信号也弱，很难被雷达监测到。

硬纸板制造的无人机如图 6 – 20 所示

图 6 – 20 硬纸板无人机
（图片源自：头条@广雅君观世界）

💡 小知识：推动穿衣革命的"的确良"

复 习 思 考 题

1. 制作航模、无人机的木材中密度最小的材料是_____。

　　A. 榉木　　　　B. 桐木　　　　C. 巴沙木　　　　D. 松木

2. 榉木适合制作航模或无人机中的_____。

　　A. 机身　　　　B. 螺旋桨　　　　C. 蒙板

3. 金属材料中的_____在工业中使用最为广泛，但在无人机制造材料中却使用很少。

　　A. 铝合金　　　B. 铝　　　　C. 钢　　　　　D. 不锈钢

4. 无人机中常用的非金属材料有：_____、_____、_____、_____。

　　A. 橡胶板　　　　　　　　B. 塑料　　　　　　　C. 碳纤维

　　D. 玻璃钢复合材料　　　　E. 石墨　　　　　　　F. 陶瓷

5. 碳纤维是一种含碳量在_____以上的高强度、高模量纤维的新型纤维。

　　A. 85%　　　　B. 90%　　　　C. 95%　　　　D. 99%

6. 玻璃纤维复合材料是指玻璃纤维做_____材料、合成树脂做黏结剂的增强塑料。

　　A. 增加　　　　B. 增强　　　　C. 主要　　　　　D. 辅助

7. 塑料_____，化学性质稳定，不会锈蚀，_____性好，具有较好的透明性和耐磨性，在_____型无人机中使用较多。

　　A. 轻　　　　　B. 质轻　　　　C. 耐冲击

　　D. 冲击　　　　E. 消费　　　　F. 应用

8. 不锈钢指耐_____、_____、水等弱腐蚀介质和_____、_____、_____等化学侵蚀性介质腐蚀的钢。

　　A. 空气　　　　B. 热气　　　　C. 蒸汽

　　D. 酸、碱　　　E. 酸　　　　　F. 盐

第7章 任务载荷及应用场景

> **知识目标**
> 1）熟知无人机的基本载荷。
> 2）熟悉无人机的应用场景。
>
> **能力目标**
> 1）对无人机的基本载荷有比较全面的认知。
> 2）对无人机的应用场景有比较全面的了解。
>
> **素质目标**
> 1）与团队成员协作，开展无人机安全作业。
> 2）树立无人机安全作业岗位意识。

7.1 任务载荷

1. 简介

单一的无人机升空是无法执行任务的。无人机要升空执行任务，就需要搭载任务载荷。无人机通过搭载任务载荷，可以实施各种应用。因此，无人机的任务载荷是无人机行业应用的重点，无人机任务载荷的开发也引导着无人机行业的发展。

2. 基本任务载荷

任务载荷中最基本的是相机（图像设备）、摄像机（视频设备）、红外热成像（红外探测）、喊话器、探照灯等，而云台、吊舱则是无人机搭载任务载荷必不可少的辅助平台。

（1）相机 无人机上使用的相机不是日常使用的普通相机，而是运动相机。对运动相机的要求是：要轻，能三防（防水、防尘、防撞），拍摄效果清晰，国产极影牌运动相机如图7-1所示。

图7-1 极影牌运动相机

（图片源自：AEE）

（2）摄像机 无人机中一台遥控器可以控制多台摄像机，其拍摄效果可及时分享，如图7-2、图7-3所示。

潜水运动摄像机

选配 　　　　　　　　N台

图7-2 一台遥控器控制多台摄像机　　图7-3 拍摄效果可及时分享

（图片源自：AEE）　　　　　（图片源自：AEE）

（3）云台 云台是在多旋翼无人机主体上安装、固定运动相机和摄像机的支撑、控制设备。多旋翼无人机常常需要携带相机、摄像机进行飞行，遇到风时，多旋翼无人机很容易受到风的干扰，会晃动，而云台则在此时帮助相机、摄像机等保持平稳，如图7-4所示。无人机上普遍使用无刷电动机云台（每个转轴上加装一个专用无刷电动机），通过无刷电动机的伺服来调节相机、摄像机等的稳定，如图7-5～图7-7所示。

图7-4 云台及分离式云台

（图片源自：AEE）

图 7 - 5　云台安装运动相机的三个方向

图 7 - 6　三轴云台安装运动相机

（图片源自：JTT）

图 7 - 7　使用遥控器调节相机云台的不同角度

（图片源自：JTT）

（4）吊舱　吊舱使用的范围较广，能安装在固定翼无人机、无人直升机和多旋翼无人机的机身、机腹和机翼悬挂式的短舱体上，不仅能安装拍摄视频时用于稳定的设备，而且能安装光电、激光、合成孔径雷达及火控武器等设备。常用的吊舱有二框架和四框架两种模式，如图 7 -8 所示。

图7-8　二框架吊舱和四框架吊舱

（图片源自：科卫泰）

3. 云台搭载任务载荷

（1）搭载4K高清相机及30倍变焦相机　如图7-9所示。

云台

4K高清相机

云台

30倍高清变焦相机

图7-9　搭载高清相机及变焦相机

（图片源自：JTT）

　　（2）搭载红外热成像仪　红外热成像仪在军用、民用中都有应用，开始起源于军用，逐渐转为民用，通常被简称为热成像仪，可用于防火、夜视以及安防中，如图7-10～图7-12所示。

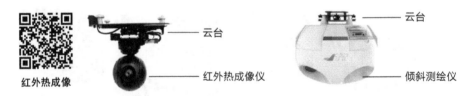

红外热成像

云台

红外热成像仪

云台

倾斜测绘仪

图7-10　云台夹持红外热成像仪及倾斜测绘仪

（图片源自：JTT）

KWT-X6M无人机热成像镜头空中180m拍摄地面

KWT-X6M无人机热成像镜头空中100m拍摄地面

图7-11　红外热成像仪拍摄（1）

（图片源自：科卫泰）

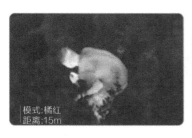

图 7 - 12 红外热成像仪拍摄（2）

（图片源自：JTT）

（3）搭载倾斜测绘仪 倾斜测绘仪集成了一个垂直相机和四个倾斜相机（见图 7 - 10），可执行小范围、高分辨率的倾斜航空摄影任务，可用于测绘、勘探、农业、国土等行业。其采集的影像通过建模软件，可自动生成高分辨率、高精度的真三维模型，如图 7 - 13 所示。

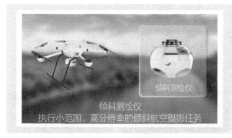

图 7 - 13 云台夹持倾斜测绘仪

（图片源自：JTT）

（4）搭载摄像机、喊话器 如图 7 - 14、图 7 - 15 所示。

图 7 - 14 多旋翼无人机携带摄像机、喊话器

（图片源自：山河科技）

图 7-15 多旋翼无人机携带摄像机、喊话器升空

（图片源自：山河科技）

（5）搭载 4K 高清相机、喊话器及探照灯　如图 7-16、图 7-17 所示。

图 7-16 云台夹持 4K 高清相机、喊话器及探照灯

（图片源自：JTT）

图 7-17 多旋翼无人机携带探照灯照射

（图片源自：JTT）

（6）搭载 4K 高清相机、投弹筒　可投掷烟幕弹、催泪弹，实时监控现场，精准投掷设备到指定地点，适用于救援、反恐、军事等领域，如图 7-18 所示。

（7）搭载可见光电视摄像机、红外摄像机　集获取图像、视频采集、视频压缩、远程传输、视频播放与检索和报警等功能于一体，利用可见光和红外线两种技术，可实现全天候监控，并通过网络、无线传输等多种传输方式，实现监视、传输，实时实地掌控现场，如图 7-19 所示。

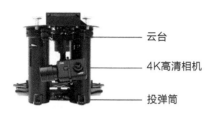

图 7-18　云台夹持 4K 高清相机、投弹筒
（图片源自：JTT）

图 7-19　云台夹持可见光电视摄像机、红外摄像机
（图片源自：JTT）

（8）搭载急救包、喊话器、探照灯、高清相机　如图 7-20、图 7-21 所示。

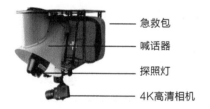

图 7-20　搭载急救包、喊话器、探照灯、4K 高清相机
（图片源自：JTT）

图 7-21　搭载急救包、4K 高清相机实施空中救援
（图片源自：山河科技）

（9）搭载毒气检测仪、4K 高清相机　实时检测石油、天然气、化工、制药等领域相关气体的浓度，确保安全，如图 7-22 所示。

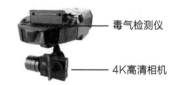

图 7-22　搭载毒气检测仪、4K 高清相机
（图片源自：JTT）

7.2　应用场景

1. 用于投送、搬运货物

无人机能按照规划的线路，自动飞行，并躲开飞行线路上的障碍，实现货物准确投送、搬运，如图 7-23 ～图 7-25 所示。

图7-23 多旋翼无人机送礼物过程

(图片源自：科卫泰)

送货

图7-24 无人机送花过程

(图片源自：AEE)

送花

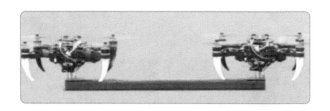

图 7-25 两架多旋翼无人机共同搬运货物

2. 用于监控

（1）用于社会治安　无人机监控具有实时效应，在大型活动现场或紧急处置、维护社会治安方面，犹如天眼，时时监视，一旦发现情况，便于及时处理，如图 7-26、图 7-27 所示。

图 7-26 无人机在监控会场秩序
（图片源自：AEE）

图 7-27 无人机在监控、维护社会治安
（图片源自：JTT）

（2）用于交通管理　车辆通行流量的大小和车辆事故是直接影响城市道路畅通的关键所在，使用无人机跟踪、监控关键道路和路口，可及时反馈道路通行情况，便于交通管理，如图 7-28、图 7-29 和图 7-30 所示。

图 7-28 无人机监控车流量（1）

图 7-29 无人机监控车流量（2）

（图片源自：AEE）

图 7-30　无人机监控行驶车辆

（图片源自：JTT）

（3）用于监控城市楼宇　城市楼宇是近年来中国大城市中心城区经济发展的亮点，如图 7-31 所示。城市楼宇快速发展，需要有效监管，可通过无人机对城市楼宇进行监控，如图 7-32 所示。

图 7-31　监控城市楼宇

（图片源自：TOP）

图 7-32　无人机对城市楼宇进行监控

（4）用于监视违规建筑　未取得建设工程规划许可证或者违反建设工程规划许可证核定的相关内容建设的建筑，可通过无人机对其进行监视，如图7-33所示。

图7-33　无人机监视违规建筑

（5）用于巡查天然气管道　天然气管道是一种输送天然气的专用管道，是陆地上输送天然气的主要方式，在世界管道总长中，天然气管道约占50%。为了确保天然气管道安全，使用无人机进行巡查是最方便、效率最高的方法，如图7-34所示。

图7-34　无人机巡查天然气管道

（图片源自：JTT）

（6）用于巡查储存、输油管道系统　原油、石油产品的储存如图7-35所示。输油管道具有运量大、密闭性好、成本低和安全系数高等特点，如图7-36所示。为了确保输油管道系统的安全，用无人机巡查原油、石油产品的储存及输油管道系统是最方便、效率最高的。

图 7-35　无人机巡查石油储存

（图片源自：山河科技）

图 7-36　无人机巡查石油管道系统

（图片源自：JTT）

（7）用于高压线路　高压线路主要是指输送 10kV（含 10kV）以上电压的输电线路，如图 7-37 所示。

图 7-37　高压线路

（图片源自：JTT）

1）巡线。高压线路巡视检查是指监视和掌握高压线路和所有附属设备的运行情况，及时发现和消除高压线路和所有附属设备异常和缺陷，预防事故发生，确保高压线路安全运行。传统巡查高压线路的方式是人工巡线，巡线员登上高压线后，脚下的电缆离地面最近距离为 12m，最高则达 800m，相当危险。

采用无人机巡视具有不受高度限制、巡视灵活、拍照方便和角度全面的优点，特别适合于大跨距、超高塔的巡视，可以有效弥补人工巡视高压线路的不足，如图 7-38 所示。无人机拍摄高压线电缆如图 7-39、图 7-40 所示。

图 7-38 多旋翼无人机正在巡查高压线路

图 7-39 无人机拍摄高压线电缆之间的连接情况

图 7-40 无人机拍摄高压线电缆间的细节

（图片源自：JTT）

2）拉线。高压线路架线，电线在过江河、高山时需要牵引，原来是由直升机承担牵引拉线任务，现在已改用多旋翼无人机直接牵引拉线，如图 7-41所示，拉线成本大大降低。

图 7-41　多旋翼无人机牵引拉线

（图片源自：艾特航空）

（8）用于环境保护　人类为解决现实及潜在影响自然环境（见图 7-42）的因素，协调人类与环境（见图 7-43）的关系，保障社会持续发展而采取的环保监测行动称为环境保护，如图 7-44、图 7-45 所示。

图 7-42　无人机巡视自然环境

（图片源自：AEE）

　　由于环境管控的盲区较多，而环境监测又需要花费大量的人力和财力，实时进行环境监测是比较困难的事情。相比传统的人工环境监测巡查，无人机就有很大的优势。无人机可以对环境实施全方位、多角度、大范围的快速巡查，并将环境监测现场情况进行实时图像回传，为环境保护保驾护航。

图 7-43　人类与自然环境

（图片源自：TOP）

图 7-44　无人机监测环保

（图片源自：TOP）

图 7-45　无人机夜间监测环保

（图片源自：JTT）

（9）用于巡视边境、海岸线

1）无人机巡视边界如图 7 – 46 所示。

图 7 – 46　无人机巡视边界

（图片源自：AEE）

2）无人机巡视海岛如图 7 – 47 所示。

图 7 – 47　无人机巡视海岛

（图片源自：JTT）

3）无人机巡视海岸线如图 7 – 48 所示。

图 7 – 48　无人机巡视海岸线

（图片源自：中航电）

3. 用于遥感

遥感是指非接触、远距离的探测技术。无人机能运用传感器对物体电磁波的辐射、反射特性进行探测，如图 7-49、图 7-50 所示。

图 7-49 多旋翼无人机对地面进行遥感测绘

（图片源自：JTT）

图 7-50 无人机对地面进行遥感测绘

（图片源自：山河科技）

4. 用于航拍

（1）航空摄影　无人机从空中拍摄，获得俯视图（见图 7-51），所以这个行为被称为空中摄影或航空摄影（见图 7-52），简称航拍。

图 7-51 航拍获得的俯视图

（图片源自：TOP）

图 7 - 52　航空摄影

（图片源自：AEE）

（2）航拍无人机结构

1）固定翼航拍无人机如图 7 - 53 所示。

图 7 - 53　固定翼航拍无人机

（图片源自：山河科技）

2）多旋翼航拍无人机如图 7 - 54、图 7 - 55 所示。

图 7 - 54　多旋翼航拍无人机　　　　图 7 - 55　多旋翼航拍无人机在航拍

（图片源自：TOP）　　　　　　　　（图片源自：AEE）

（3）航空摄影设备　无人机航拍常用的拍摄器材及设备如图7-56所示。

图7-56 无人机航拍常用的拍摄器材及设备

（图片源自：TOP）

（4）无人机航拍的流程　无人机对地面进行航拍的作业流程如图7-57所示。

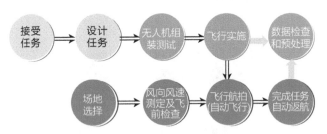

图7-57 无人机对地面进行航拍的作业流程

（图片源自：西安天问）

（5）无人机航拍的效果　如图7-58～图7-61所示。

图7-58 上海外滩夜景

（图片源自：TOP）

图 7-58　上海外滩夜景（续）

（图片源自：TOP）

航拍效果

图 7-59　晨光中的中央电视台

（图片源自：TOP）

图 7-60　丹江口

（图片源自：TOP）

图 7 - 60 丹江口（续）

（图片源自：TOP）

图 7 - 61 祖国风景

（图片源自：AEE）

图 7-61 祖国风景（续）

（图片源自：AEE）

5. 用于消防

无人机能解决城市高层建筑、森林山地、易燃易爆现场火灾的监测、扑救难题。图 7-62 所示为消防无人机的外观结构。

图 7-62 消防无人机的外观结构

（图片源自：山河科技）

（1）监测

1）森林火灾。图 7-63 所示为消防无人机正在监测森林火灾的现场。

图 7 - 63　消防无人机监测森林火灾

（图片源自：JTT）

2）城区火灾。图 7 - 64 所示为无人机正在监测城区火灾救援现场。

图 7 - 64　无人机监测城区火灾救援现场

（图片源自：AEE）

3）高层建筑。图 7 - 65 所示为无人机正在监测高层建筑火灾救援现场。

图 7 - 65　无人机正在监测高层建筑火灾救援现场

（图片源自：山河科技）

（2）灭火　对于超过 150m 的高层建筑，消防车实施灭火就有很大的难度，而对于无人机来说，这个高度并不算高。图 7 - 66 所示为消防无人机正在扑灭高层建筑火灾。

图 7 - 66 消防无人机正在扑灭高层建筑火灾

6. 用于植保

无人机进入农业生产领域，是传统农业转向现代化农业的标志。我国是全球农药用量第一大国，传统手工施药方式的农药利用率远远低于世界先进国家的水平。我国从 2012 年无人机开始进军农业植保领域，到 2017 年从事农业植保工作的无人机已经超过了 6000 架，发展速度迅猛。植保无人机主要在液态化学农药、植物生长调节剂的喷洒，种子和肥料的播撒等方面发挥了重要作用。

高层灭火

（1）植保无人机结构

1）多旋翼植保无人机结构如图 7 - 67 所示。

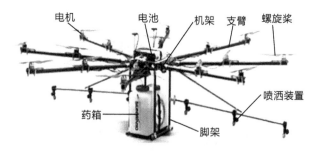

电机　电池　机架　支臂　螺旋桨

喷洒装置

药箱　脚架

图 7 - 67 多旋翼植保无人机外观结构

（图片源自：山河科技）

2）植保无人直升机结构如图 7 - 68 所示。

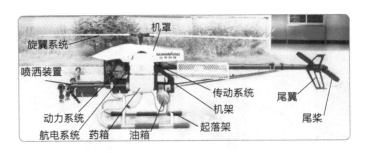

图 7-68 植保无人直升机结构

（2）植保无人机航线

1）人工操作。图 7-69 所示为人工操作多旋翼无人机进行植保作业。

2）智能规划作业航线。无人机使用高精度微波雷达采集数据，自动测绘出需要植保作业的农作物表面积，在智能工具上自动生成无人机农业植保作业航线。

图 7-69 人工操作多台多旋翼无人机同时在进行植保作业

（图片源自：极飞农业）

①采集数据。图 7-70 所示为全球卫星导航系统为需要植保的农田进行测绘。

图 7-70 全球卫星导航系统为需要植保的农田进行测绘

（图片源自：西安天问）

②智能工具。智能手持终端或智能手机规划作业航线如图 7 - 71、图 7 - 72所示。

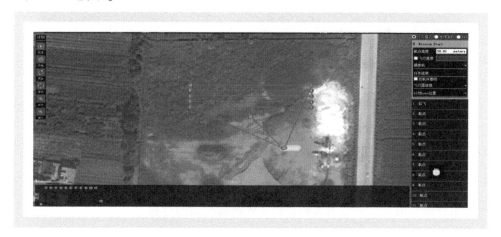

图 7 - 71　智能手持终端规划作业航线

（图片源自：西安天问）

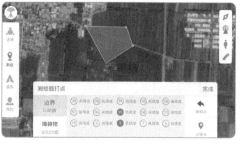

图 7 - 72　智能手机规划作业航线

（图片源自：西安天问）

3）精准作业。在常规植保作业中，时常出现无人机掉高或者飞不直的情况，并容易出现重喷或漏喷现象，很难做到精准作业。而无人机采用 RTK 技术，就可以使飞行误差控制在厘米级范围内（见图 7 - 73），就能实现高精度自主飞行，并且解决了农药重喷、漏喷的问题，提升了农药使用效率，大大降低了农药用量和成本，切实实现了精准作业的要求。

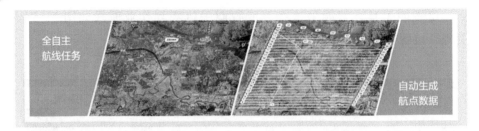

图 7 - 73　无人机飞行航线规划精度达到厘米级

（图片源自：西安天问）

7. 用于救援

救援是指在遭遇灾难或其他非常情况（含自然灾害、意外事故、突发危险事件等）时，个人或者人们获得实施解救行动的过程。

（1）地震空中侦察　图 7 - 74 所示为地震现场进行空中侦察，便于实施救援行动。

图 7 - 74　地震现场空中侦察

（图片源自：AEE）

（2）投送救生圈　图 7 - 75 所示为无人机向落水者投送救生圈。

图 7 - 75　无人机投送救生圈

（图片源自：JTT）

8. 用于军演

无人机用于军事演习如图 7-76 和图 7-77 所示。

图 7-76 军事演习（1）

（图片源自：AEE）

图 7-77 军事演习（2）

（图片源自：AEE）

9. 用于察打

察打就是侦察、情报传输和火力打击，而集侦察、情报传输和火力打击于一身的无人机就是察打一体无人机。

（1）察打一体无人机的结构　察打一体无人机携带了侦察、监视系统和武器弹药自动发射装置（见图 7-78）。

图 7-78 察打一体无人机的结构

（图片源自：轻准科技）

察打一体无人机

（2）武器、弹药

1）榴弹发射器。可安装在察打一体无人机上。

2）榴弹发射器使用的弹药。弹药有爆震弹、烟幕弹、染色弹、催泪弹、训练弹等（见图 7-79）。

图 7-79 榴弹、爆震弹、彩色发烟弹

（图片源自：轻准科技）

（3）操作流程　在 400m 以外发现目标后，通过地面站进行锁定，利用机载火控系统（全称为火力指挥与控制工程系统）对目标实施精准打击，操作流程如图 7-80 所示。

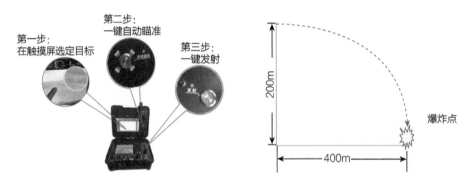

图 7-80 武装无人机锁定、打击目标的操作流程

（图片源自：轻准科技）

（4）效果　400m 范围内，可以杀伤轻型装甲车及相关目标；230m 范围内，对实施反恐防暴有较好的效果。效果如图 7-81 所示。

图 7-81 武装无人机靶场射击及爆震弹测试

（图片源自：轻准科技）

 小知识：无人驾驶

复 习 思 考 题

1. 运动相机与众不同，即要_____、能三防（防_____、防_____、防_____）、拍摄效果清晰。

    A. 轻   B. 重   C. 水   D. 雨

    E. 尘   F. 撞   G. 抖

2. 云台是_____、_____相机、摄像机的_____、_____设备。

    A. 安装   B. 吊装   C. 固定   D. 支撑

    E. 调节   F. 控制

3. 热成像仪可用于防火、夜视以及_____中。

    A. 防火   B. 夜视   C. 防盗   D. 安防

4. 倾斜测绘仪集成了一个_____相机和_____个倾斜相机。

    A. 垂直   B. 二   C. 三   D. 四

5. 吊舱是无人机拍摄视频_____的设备，常用的吊舱有：_____框架和_____框架两种模式。

    A. 固定   B. 稳定   C. 二   D. 三   E. 四

6. 高压线路巡视检查是指_____和_____高压线路和所有附属设备的运行情况，及时发现和消除高压线路和所有附属设备_____和_____，预防事故发生，确保高压线路安全运行。

    A. 监视   B. 查看   C. 掌握   D. 异常   E. 缺陷

7. 无人机从空中拍摄获得_____又被称为_____或_____。

    A. 主视图   B. 俯视图   C. 空中摄影   D. 航空摄影

8. 植保无人机主要在_____化学农药、植物生长调节剂的_____，种子和肥料_____等方面发挥了重要作用。

    A. 固态   B. 液态   C. 喷洒   D. 播撒

9. 遥感是指_____、_____距离的探测技术。无人机能运用_____对物体电磁波的_____、_____特性进行探测。

    A. 接触   B. 非接触   C. 近   D. 远

    E. 传感器   F. 辐射   G. 反射

第8章 无人机与体育竞技

知识目标
　　1）熟知穿越机。
　　2）熟悉无人机竞赛。
能力目标
　　1）对穿越机有比较全面的认知。
　　2）对无人机竞赛有比较全面的了解。
素质目标
　　1）与团队成员协作，开展无人机安全作业。
　　2）树立无人机安全作业岗位意识。

8.1 体育竞技

体育竞技的特点如下：
1）竞争性：激烈的竞争是竞技的特征。
2）公平性：竞技者必须遵守共同的行为规范。
3）公开性：竞技具有很强的传播力和影响力，竞争和赛事必须公平。
4）不定性：突发和不可预料的事件经常发生，这是竞技的魅力。
5）娱乐性：观众获得了轻松、自由和美感。

8.2 穿越机

从 2016 年起，全球年轻人最为关注的航模运动注入了穿越机竞速的元素，首开全球空中方程式竞赛的先河，阿联酋迪拜无人机竞速大赛，吸引了全球空中方程式的竞速高手同场竞技（见图 8-1）。

竞技者为了在无人机比赛中使自己的无人机成为最快的无人机，对常规无人机进行了改造，采用结构最简单，元器件、模块最少且最简洁的无人机，以满足竞速要求。

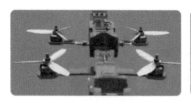

图 8 - 1　穿越机竞速

1. 简介

以 160km/h 以上的速度飞行，最高速度可以达到 268km/h，短时能穿越各种障碍的小型无人机，被称为穿越机。穿越机一般用于竞速、竞技。

穿越机将无人机科技与现实影像相结合，通过 AR 技术，实现了以第一人称主视角（FPV）飞行的真实飞行及现代网络直播传播方式，把无人机激烈竞技、竞速与娱乐完美地结合，快速吸引了全球广大青少年参与（见图 8 -2）。

图 8 - 2　穿越机真实飞行和网络直播

2. 穿越机与应用无人机的区别

（1）结构比应用无人机简单　穿越机追求更高的灵活性和更低的惯性，需要更轻盈的身躯，没有 GPS 及避障模块（见图 8 -3）。

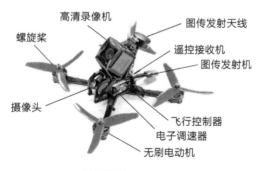

高清录像机　图传发射天线
螺旋桨　遥控接收机
图传发射机
摄像头
飞行控制器
电子调速器
无刷电动机

图 8 - 3　穿越机的结构

（图片源自：TransTEC）

1）飞控。穿越机的接收机和摄像头是合二为一的，如图 8-4 所示。

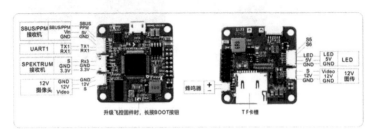

图 8-4 穿越机飞控接口

（图片源自：FLYCOLOR）

2）电子调速器。穿越机的四台电动机的电子调速器在一个控制板上（即四合一），如图 8-5 所示。

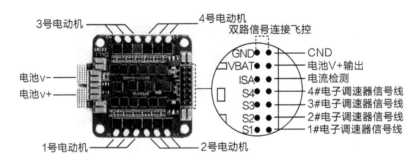

图 8-5 四合一电子调速器接口

（图片源自：FLYCOLOR）

3）穿越机拥有双塔飞控、电子调速器（见图 8-6）。

序号	描述	数量
①	猛禽BLS四合一电子调速器	①
②	F4飞控	①
③	尼龙支撑柱M3×6+6	④
④	尼龙螺母M3	⑧
⑤	O形橡胶圈	④
⑥	尼龙螺钉M3×12	④

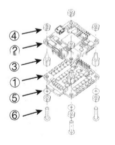

图 8-6 双塔飞控、电子调速器

（图片源自：FLYCOLOR）

4）机架、机身。穿越机机身采用碳纤维板，重量轻，机架轴距是 150～300mm，常规机架轴距是 180～210mm（见图 8－7），较小的轴距能带来更高的机动性，满足竞速者对超速飞行的追求。

穿越机的机架、电动机、四合一电子调速器及飞控如图 8－8 所示。

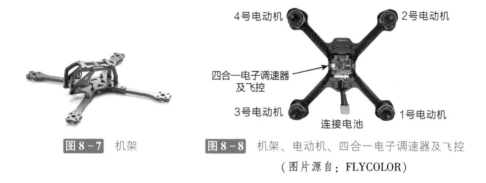

图 8－7　机架　　　图 8－8　机架、电动机、四合一电子调速器及飞控

（图片源自：FLYCOLOR）

（2）增加了 FPV 视频眼镜　FPV 视频眼镜与穿越机的图传（图像传输系统）相连接，能满足穿越机快的要求，如图 8－9 所示。

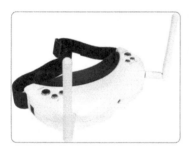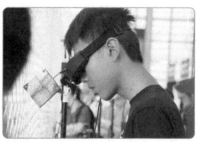

图 8－9　FPV 视频眼镜

（图片源自：深圳市无人机行业协会）

（3）穿越机要手动模式操控　穿越机在竞技过程中，既需要高速飞行，又需要高速拐弯，追求的是速度、灵活和瞬间反应，而常规无人机上的传感器模块有自重、耗电，加上其芯片自稳功能会影响无人机的飞行速度，因此穿越机尽量少用或不用带自稳功能的电子元器件及相应模块。竞技者完全就靠眼、手、脑三者的完美配合进行竞技、竞速。

（4）穿越机要 DIY 组装　常规无人机一般靠机械自动化组装，而穿越机需要 DIY 组装。自己组装穿越机既是竞技者的能力，又能让竞技者选择组装适合竞技、竞速的利器，用以适应不同要求的比赛。对于短圈速赛，就需要更轻但续航力较短的穿越机；对于圈速耐力赛，就需要采用续航力较强的穿越机。

3. 竞赛

竞赛是在一条立体赛道上进行，而立体赛道就是专门针对穿越机飞行的特点，布置了大量立体起伏的赛道、狭窄道通和拱门，尤其是迪拜世界无人机室外比赛立体赛道中出现了一段有规律变化拱门，专门用于考验竞技者操控穿越机的水平及能力。

（1）竞赛内容

1）短圈速赛。规定竞赛圈数（1 ~ 4 圈），穿越机在规定的立体赛道上钻拱门，以完成时间的先后决定竞速者的名次。

2）圈速耐力赛。规定竞赛耐力圈数（10 ~ 15 圈），穿越机在规定的立体赛道上钻拱门，以完成时间的先后决定竞速者的名次。

（2）竞赛方式

1）室内竞赛。

①赛场（见图 8 - 10 和图 8 - 11）。

图 8 - 10　迪拜世界无人机竞速　　　图 8 - 11　韩国江源道无人机大赛室内赛场
　　　　　大赛室内赛场

②室内竞赛穿越机（见图 8 - 12）。

穿越机室内比赛

图 8-12 室内竞赛穿越机

（图片源自：中国无人机竞速联盟）

③室内竞赛现场（见图 8-13、图 8-14 和图 8-15）。

图 8-13 迪拜世界无人机竞速大赛室内竞赛现场

图 8-14 中国无人机竞速大赛中国际争霸赛的室内竞赛现场

（图片源自：中国无人机竞速联盟）

图8-15　室内竞赛赛场计分

2）室外竞赛。

①赛场（见图8-16、图8-17和图8-18）。

迪拜比赛现场

图8-16　迪拜世界无人机大赛室外竞赛赛场

图 8-17 韩国江源道无人机大赛室外竞赛赛场

香港 FPV 比赛决赛

图 8-18 香港无人机竞速大赛室外竞赛赛场

（图片源自：中国无人机竞速联盟）

②室外竞赛穿越机（见图 8-19）。

图 8-19 室外竞赛穿越机

（图片源自：中国无人机竞速联盟）

③室外竞赛现场（见图8-20）。

图8-20 香港无人机竞速大赛室外竞赛现场

（图片源自：中国无人机竞速联盟）

（3）竞赛场外花絮（见图8-21、图8-22）

图8-21 中国无人机竞速大赛中国际争霸赛场外花絮

（图片源自：中国无人机竞速联盟）

图8-22 迪拜世界无人机竞速大赛中国代表队选手

小知识：女排精神

■■■■■ 复 习 思 考 题 ■■■■■

1. 穿越机是无人驾驶的无人机，以_____ km/h 以上高速飞行。

　　A. 120　　　　　B. 160　　　　　C. 180

2. 体育竞技具备五个特性：竞争性、_____、_____、_____、娱乐性。

　　A. 确定性　　　B. 不定性　　　C. 公开性　　　D. 公正性　　　E. 公平性

3. _____将无人机科技与现实影像相结合，通过_____实现了以第一人称_____视角_____飞行的真实飞行及网络直播传播方式。

　　A. 无人机　　　B. 穿越机　　　C. AR　　　　　D. FPV

　　E. FAV　　　　F. 主　　　　　G. 左

4. 穿越机与应用无人机的区别：结构比应用无人机_____、小巧灵活，没有_____及_____模块。

　　A. 简单　　　　B. 复杂　　　　C. GPS　　　　D. 避障

5. 空中方程式竞赛完全靠竞技者_____、_____、_____三者的完美配合。

　　A. 眼　　　　　B. 耳　　　　　C. 手　　　　　D. 脚　　　　　E. 脑

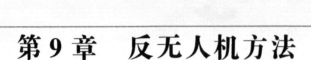

第9章 反无人机方法

知识目标
> 1) 熟知无人机的威胁。
> 2) 熟知反无人机的方法。

能力目标
> 1) 对无人机的威胁有比较全面的认知。
> 2) 对反无人机的方法有比较全面的了解。

素质目标
> 1) 与团队成员协作,开展无人机安全作业。
> 2) 树立无人机安全作业岗位意识。

9.1 无人机的威胁

无人机已经进入了我们的工作和生活领域,但是由无人机引发的各种威胁也逐渐产生,尤其在安全方面的各种隐患越来越多。

无人机闯入军事要地、边境、港口、监狱、化工厂、机场、体育馆、核电站、别墅区、公共场所、靶场等区域,产生很多安全隐患。因此,对于容易引发信息泄露以及造成安全隐患的敏感地区,反无人机便成了迫在眉睫的任务,必须配备相应的无人机防控设备,对非法入侵的无人机进行拦截和打击,保证该地区安全。

9.2 反无人机主要方法

世界各国对反无人机技术开展了大量研究,通常采用以下方法对付入侵的无人机。

1. 干扰

使用大功率地面站及雷达对目标无人机通信信号进行分析定位,并采取分频段、分时段的方式进行电子干扰（无人机的三路信号：2.4G 遥控信号、5.8G 图传信号、GPS 卫星信号），部分无人机失去控制信号后，被迫降落或悬停；图传信号受到干扰后，无人机操作者将无法依靠回传视频掌控无人机，逼迫中断飞行，如图 9-1 所示。

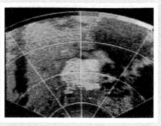

图 9-1　大功率雷达信号干扰

此外，利用声波、电磁波、射频等手段，直接干扰无人机，如图 9-2 所示。

2. 捕捉

小型无人机飞行高度较低，速度较慢，当其靠近敏感地区时，在视线识别距离内通过操作更大的无人机或采用其他方式对无人机进行撒网抓捕，如图 9-3 和图 9-4 所示。

图 9-2　射频干扰　　　　**图 9-3**　准备对无人机进行抓捕

无人机抓捕无人机

图 9-4　抓捕到无人机

（图片源自：艾特航空）

3. 摧毁

1）空中飞机发射导弹，直接摧毁无人机，如图 9 - 5 所示。

图 9 - 5　直接摧毁无人机

2）地面发射导弹，直接摧毁无人机，如图 9 - 6 所示。

图 9 - 6　防空导弹

3）采用激光设备（见图 9 - 7）直接摧毁无人机。

图 9 - 7　激光设备

💡 小知识：截杀"黑猫"的导弹

━━━ 复 习 思 考 题 ━━━

1. 无人机非法入侵造成_____隐患。

 A. 事故   B. 人为   C. 安全   D. 意外

2. 反无人机的主要方法有_____、_____、_____。

 A. 化学干扰 B. 干扰   C. 摧毁   D. 捕捉

3. 物理干扰反无人机的主要方法有_____、_____、_____、_____。

 A. 光波   B. 声波   C. 电磁波   D. 射频

4. 直接摧毁无人机的主要方法有_____、_____。

 A. 激光   B. 导弹   C. 机枪

附录　无人机相关文件

附录 A　无人驾驶航空器飞行管理暂行条例

第一章　总　　则

第一条　为了规范无人驾驶航空器飞行以及有关活动，促进无人驾驶航空器产业健康有序发展，维护航空安全、公共安全、国家安全，制定本条例。

第二条　在中华人民共和国境内从事无人驾驶航空器飞行以及有关活动，应当遵守本条例。

本条例所称无人驾驶航空器，是指没有机载驾驶员、自备动力系统的航空器。

无人驾驶航空器按照性能指标分为微型、轻型、小型、中型和大型。

第三条　无人驾驶航空器飞行管理工作应当坚持和加强党的领导，坚持总体国家安全观，坚持安全第一、服务发展、分类管理、协同监管的原则。

第四条　国家空中交通管理领导机构统一领导全国无人驾驶航空器飞行管理工作，组织协调解决无人驾驶航空器管理工作中的重大问题。

国务院民用航空、公安、工业和信息化、市场监督管理等部门按照职责分工负责全国无人驾驶航空器有关管理工作。

县级以上地方人民政府及其有关部门按照职责分工负责本行政区域内无人驾驶航空器有关管理工作。

各级空中交通管理机构按照职责分工负责本责任区内无人驾驶航空器飞行管理工作。

第五条　国家鼓励无人驾驶航空器科研创新及其成果的推广应用，促进无人驾驶航空器与大数据、人工智能等新技术融合创新。县级以上人民政府及其有关部门应当为无人驾驶航空器科研创新及其成果的推广应用提供支持。

国家在确保安全的前提下积极创新空域供给和使用机制，完善无人驾驶航空器飞行配套基础设施和服务体系。

第六条　无人驾驶航空器有关行业协会应当通过制定、实施团体标准等方式加强行业自律，宣传无人驾驶航空器管理法律法规及有关知识，增强有关单位和人员依法开展无人驾驶航空器飞行以及有关活动的意识。

第二章　民用无人驾驶航空器及操控员管理

第七条　国务院标准化行政主管部门和国务院其他有关部门按照职责分工组织制定民用无人驾驶航空器系统的设计、生产和使用的国家标准、行业标准。

第八条　从事中型、大型民用无人驾驶航空器系统的设计、生产、进口、飞行和维修活动，应当依法向国务院民用航空主管部门申请取得适航许可。

从事微型、轻型、小型民用无人驾驶航空器系统的设计、生产、进口、飞行、维修以及组装、拼装活动，无需取得适航许可，但相关产品应当符合产品质量法律法规的有关规定以及有关强制性国家标准。

从事民用无人驾驶航空器系统的设计、生产、使用活动，应当符合国家有关实名登记激活、飞行区域限制、应急处置、网络信息安全等规定，并采取有效措施减少大气污染物和噪声排放。

第九条　民用无人驾驶航空器系统生产者应当按照国务院工业和信息化主管部门的规定为其生产的无人驾驶航空器设置唯一产品识别码。

微型、轻型、小型民用无人驾驶航空器系统的生产者应当在无人驾驶航空器机体标注产品类型以及唯一产品识别码等信息，在产品外包装显著位置标明守法运行要求和风险警示。

第十条　民用无人驾驶航空器所有者应当依法进行实名登记，具体办法由国务院民用航空主管部门会同有关部门制定。

涉及境外飞行的民用无人驾驶航空器，应当依法进行国籍登记。

第十一条　使用除微型以外的民用无人驾驶航空器从事飞行活动的单位应当具备下列条件，并向国务院民用航空主管部门或者地区民用航空管理机构（以下统称民用航空管理部门）申请取得民用无人驾驶航空器运营合格证（以下简称运营合格证）：

（一）有实施安全运营所需的管理机构、管理人员和符合本条例规定的操控人员；

（二）有符合安全运营要求的无人驾驶航空器及有关设施、设备；

（三）有实施安全运营所需的管理制度和操作规程，保证持续具备按照制度和规程实施安全运营的能力；

（四）从事经营性活动的单位，还应当为营利法人。

民用航空管理部门收到申请后，应当进行运营安全评估，根据评估结果依法作出许可或者不予许可的决定。予以许可的，颁发运营合格证；不予许可的，书面通知申请人并说明理由。

使用最大起飞重量不超过150千克的农用无人驾驶航空器在农林牧渔区域上方的适飞空域内从事农林牧渔作业飞行活动（以下称常规农用无人驾驶航空器作业飞行活动），无需取得运营合格证。

取得运营合格证后从事经营性通用航空飞行活动，以及从事常规农用无人驾驶航空器作业飞行活动，无需取得通用航空经营许可证和运行合格证。

第十二条　使用民用无人驾驶航空器从事经营性飞行活动，以及使用小型、中型、大型民用无人驾驶航空器从事非经营性飞行活动，应当依法投保责任保险。

第十三条　微型、轻型、小型民用无人驾驶航空器系统投放市场后，发现存在缺陷的，其生产者、进口商应当停止生产、销售，召回缺陷产品，并通知有关经营者、使用者停止销售、使用。生产者、进口商未依法实施召回的，由国务院市场监督管理部门依法责令召回。

中型、大型民用无人驾驶航空器系统不能持续处于适航状态的，由国务院民用航空主管部门依照有关适航管理的规定处理。

第十四条 对已经取得适航许可的民用无人驾驶航空器系统进行重大设计更改并拟将其用于飞行活动的，应当重新申请取得适航许可。

对微型、轻型、小型民用无人驾驶航空器系统进行改装的，应当符合有关强制性国家标准。民用无人驾驶航空器系统的空域保持能力、可靠被监视能力、速度或者高度等出厂性能以及参数发生改变的，其所有者应当及时在无人驾驶航空器一体化综合监管服务平台更新性能、参数信息。

改装民用无人驾驶航空器的，应当遵守改装后所属类别的管理规定。

第十五条 生产、维修、使用民用无人驾驶航空器系统，应当遵守无线电管理法律法规以及国家有关规定。但是，民用无人驾驶航空器系统使用国家无线电管理机构确定的特定无线电频率，且有关无线电发射设备取得无线电发射设备型号核准的，无需取得无线电频率使用许可和无线电台执照。

第十六条 操控小型、中型、大型民用无人驾驶航空器飞行的人员应当具备下列条件，并向国务院民用航空主管部门申请取得相应民用无人驾驶航空器操控员（以下简称操控员）执照：

（一）具备完全民事行为能力；

（二）接受安全操控培训，并经民用航空管理部门考核合格；

（三）无可能影响民用无人驾驶航空器操控行为的疾病病史，无吸毒行为记录；

（四）近5年内无因危害国家安全、公共安全或者侵犯公民人身权利、扰乱公共秩序的故意犯罪受到刑事处罚的记录。

从事常规农用无人驾驶航空器作业飞行活动的人员无需取得操控员执照，但应当由农用无人驾驶航空器系统生产者按照国务院民用航空、农业农村主管部门规定的内容进行培训和考核，合格后取得操作证书。

第十七条 操控微型、轻型民用无人驾驶航空器飞行的人员，无需取得操控员执照，但应当熟练掌握有关机型操作方法，了解风险警示信息和有关管理制度。

无民事行为能力人只能操控微型民用无人驾驶航空器飞行，限制民事行为能力人只能操控微型、轻型民用无人驾驶航空器飞行。无民事行为能力人操控微型民用无人驾驶航空器飞行或者限制民事行为能力人操控轻型民用无人驾驶航空器飞行，应当由符合前款规定条件的完全民事行为能力人现场指导。

操控轻型民用无人驾驶航空器在无人驾驶航空器管制空域内飞行的人员，应当具有完全民事行为能力，并按照国务院民用航空主管部门的规定经培训合格。

第三章　空域和飞行活动管理

第十八条　划设无人驾驶航空器飞行空域应当遵循统筹配置、安全高效原则，以隔离飞行为主，兼顾融合飞行需求，充分考虑飞行安全和公众利益。

划设无人驾驶航空器飞行空域应当明确水平、垂直范围和使用时间。

空中交通管理机构应当为无人驾驶航空器执行军事、警察、海关、应急管理飞行任务优先划设空域。

第十九条　国家根据需要划设无人驾驶航空器管制空域（以下简称管制空域）。

真高120米以上空域，空中禁区、空中限制区以及周边空域，军用航空超低空飞行空域，以及下列区域上方的空域应当划设为管制空域：

（一）机场以及周边一定范围的区域；

（二）国界线、实际控制线、边境线向我方一侧一定范围的区域；

（三）军事禁区、军事管理区、监管场所等涉密单位以及周边一定范围的区域；

（四）重要军工设施保护区域、核设施控制区域、易燃易爆等危险品的生产和仓储区域，以及可燃重要物资的大型仓储区域；

（五）发电厂、变电站、加油（气）站、供水厂、公共交通枢纽、航电枢纽、重大水利设施、港口、高速公路、铁路电气化线路等公共基础设施以及周边一定范围的区域和饮用水水源保护区；

（六）射电天文台、卫星测控（导航）站、航空无线电导航台、雷达站等需要电磁环境特殊保护的设施以及周边一定范围的区域；

（七）重要革命纪念地、重要不可移动文物以及周边一定范围的区域；

（八）国家空中交通管理领导机构规定的其他区域。

管制空域的具体范围由各级空中交通管理机构按照国家空中交通管理领导机构的规定确定，由设区的市级以上人民政府公布，民用航空管理部门和承担相应职责的单位发布航行情报。

未经空中交通管理机构批准，不得在管制空域内实施无人驾驶航空器飞行活动。

管制空域范围以外的空域为微型、轻型、小型无人驾驶航空器的适飞空域（以下简称适飞空域）。

第二十条　遇有特殊情况，可以临时增加管制空域，由空中交通管理机构按照国家有关规定确定有关空域的水平、垂直范围和使用时间。

保障国家重大活动以及其他大型活动的，在临时增加的管制空域生效24小时前，由设区的市级以上地方人民政府发布公告，民用航空管理部门和承担相应职责的单位发布航行情报。

保障执行军事任务或者反恐维稳、抢险救灾、医疗救护等其他紧急任务的，在临时增加的管制空域生效30分钟前，由设区的市级以上地方人民政府发布紧急公告，民用航空管理部门和承担相应职责的单位发布航行情报。

第二十一条　按照国家空中交通管理领导机构的规定需要设置管制空域的地面警示标志的，设区的市级人民政府应当组织设置并加强日常巡查。

第二十二条　无人驾驶航空器通常应当与有人驾驶航空器隔离飞行。

属于下列情形之一的，经空中交通管理机构批准，可以进行融合飞行：

（一）根据任务或者飞行课目需要，警察、海关、应急管理部门辖有的无人驾驶航空器与本部门、本单位使用的有人驾驶航空器在同一空域或者同一机场区域的飞行；

（二）取得适航许可的大型无人驾驶航空器的飞行；

（三）取得适航许可的中型无人驾驶航空器不超过真高300米的飞行；

（四）小型无人驾驶航空器不超过真高300米的飞行；

（五）轻型无人驾驶航空器在适飞空域上方不超过真高300米的飞行。

属于下列情形之一的，进行融合飞行无需经空中交通管理机构批准：

（一）微型、轻型无人驾驶航空器在适飞空域内的飞行；

（二）常规农用无人驾驶航空器作业飞行活动。

第二十三条　国家空中交通管理领导机构统筹建设无人驾驶航空器一体化综合监管服务平台，对全国无人驾驶航空器实施动态监管与服务。

空中交通管理机构和民用航空、公安、工业和信息化等部门、单位按照职责分工采集无人驾驶航空器生产、登记、使用的有关信息，依托无人驾驶航空器一体化综合监管服务平台共享，并采取相应措施保障信息安全。

第二十四条　除微型以外的无人驾驶航空器实施飞行活动，操控人员应当确保无人驾驶航空器能够按照国家有关规定向无人驾驶航空器一体化综合监管服务平台报送识别信息。

微型、轻型、小型无人驾驶航空器在飞行过程中应当广播式自动发送识别信息。

第二十五条　组织无人驾驶航空器飞行活动的单位或者个人应当遵守有关法律法规和规章制度，主动采取事故预防措施，对飞行安全承担主体责任。

第二十六条　除本条例第三十一条另有规定外，组织无人驾驶航空器飞行活动的单位或者个人应当在拟飞行前 1 日 12 时前向空中交通管理机构提出飞行活动申请。空中交通管理机构应当在飞行前 1 日 21 时前作出批准或者不予批准的决定。

按照国家空中交通管理领导机构的规定在固定空域内实施常态飞行活动的，可以提出长期飞行活动申请，经批准后实施，并应当在拟飞行前 1 日 12 时前将飞行计划报空中交通管理机构备案。

第二十七条　无人驾驶航空器飞行活动申请应当包括下列内容：

（一）组织飞行活动的单位或者个人、操控人员信息以及有关资质证书；

（二）无人驾驶航空器的类型、数量、主要性能指标和登记管理信息；

（三）飞行任务性质和飞行方式，执行国家规定的特殊通用航空飞行任务的还应当提供有效的任务批准文件；

（四）起飞、降落和备降机场（场地）；

（五）通信联络方法；

（六）预计飞行开始、结束时刻；

（七）飞行航线、高度、速度和空域范围，进出空域方法；

（八）指挥控制链路无线电频率以及占用带宽；

（九）通信、导航和被监视能力；

（十）安装二次雷达应答机或者有关自动监视设备的，应当注明代码申请；

（十一）应急处置程序；

（十二）特殊飞行保障需求；

（十三）国家空中交通管理领导机构规定的与空域使用和飞行安全有关的其他必要信息。

第二十八条　无人驾驶航空器飞行活动申请按照下列权限批准：

（一）在飞行管制分区内飞行的，由负责该飞行管制分区的空中交通管理机构批准；

（二）超出飞行管制分区在飞行管制区内飞行的，由负责该飞行管制区的空中交通管理机构批准；

（三）超出飞行管制区飞行的，由国家空中交通管理领导机构授权的空中交通管理机构批准。

第二十九条　使用无人驾驶航空器执行反恐维稳、抢险救灾、医疗救护等紧急任务的，应当在计划起飞30分钟前向空中交通管理机构提出飞行活动申请。空中交通管理机构应当在起飞10分钟前作出批准或者不予批准的决定。执行特别紧急任务的，使用单位可以随时提出飞行活动申请。

第三十条　飞行活动已获得批准的单位或者个人组织无人驾驶航空器飞行活动的，应当在计划起飞1小时前向空中交通管理机构报告预计起飞时刻和准备情况，经空中交通管理机构确认后方可起飞。

第三十一条　组织无人驾驶航空器实施下列飞行活动，无需向空中交通管理机构提出飞行活动申请：

（一）微型、轻型、小型无人驾驶航空器在适飞空域内的飞行活动；

（二）常规农用无人驾驶航空器作业飞行活动；

（三）警察、海关、应急管理部门辖有的无人驾驶航空器，在其驻地、地面（水面）训练场、靶场等上方不超过真高 120 米的空域内的飞行活动；但是，需在计划起飞 1 小时前经空中交通管理机构确认后方可起飞；

（四）民用无人驾驶航空器在民用运输机场管制地带内执行巡检、勘察、校验等飞行任务；但是，需定期报空中交通管理机构备案，并在计划起飞 1 小时前经空中交通管理机构确认后方可起飞。

前款规定的飞行活动存在下列情形之一的，应当依照本条例第二十六条的规定提出飞行活动申请：

（一）通过通信基站或者互联网进行无人驾驶航空器中继飞行；

（二）运载危险品或者投放物品（常规农用无人驾驶航空器作业飞行活动除外）；

（三）飞越集会人群上空；

（四）在移动的交通工具上操控无人驾驶航空器；

（五）实施分布式操作或者集群飞行。

微型、轻型无人驾驶航空器在适飞空域内飞行的，无需取得特殊通用航空飞行任务批准文件。

第三十二条　操控无人驾驶航空器实施飞行活动，应当遵守下列行为规范：

（一）依法取得有关许可证书、证件，并在实施飞行活动时随身携带备查；

（二）实施飞行活动前做好安全飞行准备，检查无人驾驶航空器状态，并及时更新电子围栏等信息；

（三）实时掌握无人驾驶航空器飞行动态，实施需经批准的飞行活动应当与空中交通管理机构保持通信联络畅通，服从空中交通管理，飞行结束后及时报告；

（四）按照国家空中交通管理领导机构的规定保持必要的安全间隔；

（五）操控微型无人驾驶航空器的，应当保持视距内飞行；

（六）操控小型无人驾驶航空器在适飞空域内飞行的，应当遵守国家空中交通管理领导机构关于限速、通信、导航等方面的规定；

（七）在夜间或者低能见度气象条件下飞行的，应当开启灯光系统并确保其处于良好工作状态；

（八）实施超视距飞行的，应当掌握飞行空域内其他航空器的飞行动态，采取避免相撞的措施；

（九）受到酒精类饮料、麻醉剂或者其他药物影响时，不得操控无人驾驶航空器；

（十）国家空中交通管理领导机构规定的其他飞行活动行为规范。

第三十三条　操控无人驾驶航空器实施飞行活动，应当遵守下列避让规则：

（一）避让有人驾驶航空器、无动力装置的航空器以及地面、水上交通工具；

（二）单架飞行避让集群飞行；

（三）微型无人驾驶航空器避让其他无人驾驶航空器；

（四）国家空中交通管理领导机构规定的其他避让规则。

第三十四条　禁止利用无人驾驶航空器实施下列行为：

（一）违法拍摄军事设施、军工设施或者其他涉密场所；

（二）扰乱机关、团体、企业、事业单位工作秩序或者公共场所秩序；

（三）妨碍国家机关工作人员依法执行职务；

（四）投放含有违反法律法规规定内容的宣传品或者其他物品；

（五）危及公共设施、单位或者个人财产安全；

（六）危及他人生命健康，非法采集信息，或者侵犯他人其他人身权益；

（七）非法获取、泄露国家秘密，或者违法向境外提供数据信息；

（八）法律法规禁止的其他行为。

第三十五条　使用民用无人驾驶航空器从事测绘活动的单位依法取得测绘资质证书后，方可从事测绘活动。

外国无人驾驶航空器或者由外国人员操控的无人驾驶航空器不得在我国境内实施测绘、电波参数测试等飞行活动。

第三十六条　模型航空器应当在空中交通管理机构为航空飞行营地划定的空域内飞行，但国家空中交通管理领导机构另有规定的除外。

第四章　监督管理和应急处置

第三十七条　国家空中交通管理领导机构应当组织有关部门、单位在无人驾驶航空器一体化综合监管服务平台上向社会公布审批事项、申请办理流程、受理单位、联系方式、举报受理方式等信息并及时更新。

第三十八条　任何单位或者个人发现违反本条例规定行为的，可以向空中交通管理机构、民用航空管理部门或者当地公安机关举报。收到举报的部门、单位应当及时依法作出处理；不属于本部门、本单位职责的，应当及时移送有权处理的部门、单位。

第三十九条　空中交通管理机构、民用航空管理部门以及县级以上公安机关应当制定有关无人驾驶航空器飞行安全管理的应急预案，定期演练，提高应急处置能力。

县级以上地方人民政府应当将无人驾驶航空器安全应急管理纳入突发事件应急管理体系，健全信息互通、协同配合的应急处置工作机制。

无人驾驶航空器系统的设计者、生产者，应当确保无人驾驶航空器具备紧急避让、降落等应急处置功能，避免或者减轻无人驾驶航空器发生事故时对生命财产的损害。

使用无人驾驶航空器的单位或者个人应当按照有关规定，制定飞行紧急情况处置预案，落实风险防范措施，及时消除安全隐患。

第四十条　无人驾驶航空器飞行发生异常情况时，组织飞行活动的单位或者个人应当及时处置，服从空中交通管理机构的指令；导致发生飞行安全问题的，组织飞行活动的单位或者个人还应当在无人驾驶航空器降落后24小时内向空中交通管理机构报告有关情况。

第四十一条　对空中不明情况和无人驾驶航空器违规飞行，公安机关在条件有利时可以对低空目标实施先期处置，并负责违规飞行无人驾驶航空器落地后的现场处置。有关军事机关、公安机关、国家安全机关等单位按职责分工组织查证处置，民用航空管理等其他有关部门应当予以配合。

第四十二条　无人驾驶航空器违反飞行管理规定、扰乱公共秩序或者危及公共安全的，空中交通管理机构、民用航空管理部门和公安机关可以依法采取必要技术防控、扣押有关物品、责令停止飞行、查封违法活动场所等紧急处置措施。

第四十三条　军队、警察以及按照国家反恐怖主义工作领导机构有关规定由公安机关授权的高风险反恐怖重点目标管理单位，可以依法配备无人驾驶航空器反制设备，在公安机关或者有关军事机关的指导监督下从严控制设置和使用。

无人驾驶航空器反制设备配备、设置、使用以及授权管理办法，由国务院工业和信息化、公安、国家安全、市场监督管理部门会同国务院有关部门、有关军事机关制定。

任何单位或者个人不得非法拥有、使用无人驾驶航空器反制设备。

第五章　法律责任

第四十四条　违反本条例规定，从事中型、大型民用无人驾驶航空器系统的设计、生产、进口、飞行和维修活动，未依法取得适航许可的，由民用航空管理部门责令停止有关活动，没收违法所得，并处无人驾驶航空器系统货值金额 1 倍以上 5 倍以下的罚款；情节严重的，责令停业整顿。

第四十五条　违反本条例规定，民用无人驾驶航空器系统生产者未按照国务院工业和信息化主管部门的规定为其生产的无人驾驶航空器设置唯一产品识别码的，由县级以上人民政府工业和信息化主管部门责令改正，没收违法所得，并处 3 万元以上 30 万元以下的罚款；拒不改正的，责令停业整顿。

第四十六条　违反本条例规定，对已经取得适航许可的民用无人驾驶航空器系统进行重大设计更改，未重新申请取得适航许可并将其用于飞行活动的，由民用航空管理部门责令改正，处无人驾驶航空器系统货值金额 1 倍以上 5 倍以下的罚款。

违反本条例规定，改变微型、轻型、小型民用无人驾驶航空器系统的空域保持能力、可靠被监视能力、速度或者高度等出厂性能以及参数，未及时在无人驾驶航空器一体化综合监管服务平台更新性能、参数信息的，由民用航空管理部门责令改正；拒不改正的，处 2000 元以上 2 万元以下的罚款。

第四十七条　违反本条例规定，民用无人驾驶航空器未经实名登记实施飞行活动的，由公安机关责令改正，可以处 200 元以下的罚款；情节严重的，处 2000 元以上 2 万元以下的罚款。

违反本条例规定，涉及境外飞行的民用无人驾驶航空器未依法进行国籍登记的，由民用航空管理部门责令改正，处 1 万元以上 10 万元以下的罚款。

第四十八条　违反本条例规定，民用无人驾驶航空器未依法投保责任保险的，由民用航空管理部门责令改正，处 2000 元以上 2 万元以下的罚款；情节严重的，责令从事飞行活动的单位停业整顿直至吊销其运营合格证。

第四十九条　违反本条例规定，未取得运营合格证或者违反运营合格证的要求实施飞行活动的，由民用航空管理部门责令改正，处 5 万元以上 50 万元以下的罚款；情节严重的，责令停业整顿直至吊销其运营合格证。

第五十条　无民事行为能力人、限制民事行为能力人违反本条例规定操控民用无人驾驶航空器飞行的，由公安机关对其监护人处 500 元以上 5000 元以下的罚款；情节严重的，没收实施违规飞行的无人驾驶航空器。

违反本条例规定，未取得操控员执照操控民用无人驾驶航空器飞行的，由民用航空管理部门处 5000 元以上 5 万元以下的罚款；情节严重的，处 1 万元以上 10 万元以下的罚款。

违反本条例规定，超出操控员执照载明范围操控民用无人驾驶航空器飞行的，由民用航空管理部门处 2000 元以上 2 万元以下的罚款，并处暂扣操控员执照 6 个月至 12 个月；情节严重的，吊销其操控员执照，2 年内不受理其操控员执照申请。

违反本条例规定，未取得操作证书从事常规农用无人驾驶航空器作业飞行活动的，由县级以上地方人民政府农业农村主管部门责令停止作业，并处 1000 元以上 1 万元以下的罚款。

第五十一条　组织飞行活动的单位或者个人违反本条例第三十二条、第三十三条规定的，由民用航空管理部门责令改正，可以处 1 万元以下的罚款；拒不改正的，处 1 万元以上 5 万元以下的罚款，并处暂扣运营合格证、操控员执照 1 个月至 3 个月；情节严重的，由空中交通管理机构责令停止飞行 6 个月至 12 个月，由民用航空管理部门处 5 万元以上 10 万元以下的罚款，并可以吊销相应许可证件，2 年内不受理其相应许可申请。

违反本条例规定，未经批准操控微型、轻型、小型民用无人驾驶航空器在管制空域内飞行，或者操控模型航空器在空中交通管理机构划定的空域外飞行的，由公安机关责令停止飞行，可以处 500 元以下的罚款；情节严重的，没收实施违规飞行的无人驾驶航空器，并处 1000 元以上 1 万元以下的罚款。

第五十二条　违反本条例规定，非法拥有、使用无人驾驶航空器反制设备的，由无线电管理机构、公安机关按照职责分工予以没收，可以处 5 万元以下的罚款；情节严重的，处 5 万元以上 20 万元以下的罚款。

第五十三条　违反本条例规定，外国无人驾驶航空器或者由外国人员操控的无人驾驶航空器在我国境内实施测绘飞行活动的，由县级以上人民政府测绘地理信息主管部门责令停止违法行为，没收违法所得、测绘成果和实施违规飞行的无人驾驶航空器，并处 10 万元以上 50 万元以下的罚款；情节严重的，并处 50 万元以上 100 万元以下的罚款，由公安机关、国家安全机关按照职责分工决定限期出境或者驱逐出境。

第五十四条　生产、改装、组装、拼装、销售和召回微型、轻型、小型民用无人驾驶航空器系统，违反产品质量或者标准化管理等有关法律法规的，由县级以上人民政府市场监督管理部门依法处罚。

除根据本条例第十五条的规定无需取得无线电频率使用许可和无线电台执照的情形以外，生产、维修、使用民用无人驾驶航空器系统，违反无线电管理法律法规以及国家有关规定的，由无线电管理机构依法处罚。

无人驾驶航空器飞行活动违反军事设施保护法律法规的，依照有关法律法规的规定执行。

第五十五条　违反本条例规定，有关部门、单位及其工作人员在无人驾驶航空器飞行以及有关活动的管理工作中滥用职权、玩忽职守、徇私舞弊或者有其他违法行为的，依法给予处分。

第五十六条　违反本条例规定，构成违反治安管理行为的，由公安机关依法给予治安管理处罚；构成犯罪的，依法追究刑事责任；造成人身、财产或者其他损害的，依法承担民事责任。

第六章 附 则

第五十七条 在我国管辖的其他空域内实施无人驾驶航空器飞行活动，应当遵守本条例的有关规定。

无人驾驶航空器在室内飞行不适用本条例。

自备动力系统的飞行玩具适用本条例的有关规定，具体办法由国务院工业和信息化主管部门、有关空中交通管理机构会同国务院公安、民用航空主管部门制定。

第五十八条 无人驾驶航空器飞行以及有关活动，本条例没有规定的，适用《中华人民共和国民用航空法》、《中华人民共和国飞行基本规则》、《通用航空飞行管制条例》以及有关法律、行政法规。

第五十九条 军用无人驾驶航空器的管理，国务院、中央军事委员会另有规定的，适用其规定。

警察、海关、应急管理部门辖有的无人驾驶航空器的适航、登记、操控员等事项的管理办法，由国务院有关部门另行制定。

第六十条 模型航空器的分类、生产、登记、操控人员、航空飞行营地等事项的管理办法，由国务院体育主管部门会同有关空中交通管理机构，国务院工业和信息化、公安、民用航空主管部门另行制定。

第六十一条 本条例施行前生产的民用无人驾驶航空器不能按照国家有关规定自动向无人驾驶航空器一体化综合监管服务平台报送识别信息的，实施飞行活动应当依照本条例的规定向空中交通管理机构提出飞行活动申请，经批准后方可飞行。

第六十二条 本条例下列用语的含义：

（一）空中交通管理机构，是指军队和民用航空管理部门内负责有关责任区空中交通管理的机构。

（二）微型无人驾驶航空器，是指空机重量小于0.25千克，最大飞行真高不超过50米，最大平飞速度不超过40千米/小时，无线电发射设备符合微功率短距离技术要求，全程可以随时人工介入操控的无人驾驶航空器。

（三）轻型无人驾驶航空器，是指空机重量不超过 4 千克且最大起飞重量不超过 7 千克，最大平飞速度不超过 100 千米/小时，具备符合空域管理要求的空域保持能力和可靠被监视能力，全程可以随时人工介入操控的无人驾驶航空器，但不包括微型无人驾驶航空器。

（四）小型无人驾驶航空器，是指空机重量不超过 15 千克且最大起飞重量不超过 25 千克，具备符合空域管理要求的空域保持能力和可靠被监视能力，全程可以随时人工介入操控的无人驾驶航空器，但不包括微型、轻型无人驾驶航空器。

（五）中型无人驾驶航空器，是指最大起飞重量不超过 150 千克的无人驾驶航空器，但不包括微型、轻型、小型无人驾驶航空器。

（六）大型无人驾驶航空器，是指最大起飞重量超过 150 千克的无人驾驶航空器。

（七）无人驾驶航空器系统，是指无人驾驶航空器以及与其有关的遥控台（站）、任务载荷和控制链路等组成的系统。其中，遥控台（站）是指遥控无人驾驶航空器的各种操控设备（手段）以及有关系统组成的整体。

（八）农用无人驾驶航空器，是指最大飞行真高不超过 30 米，最大平飞速度不超过 50 千米/小时，最大飞行半径不超过 2000 米，具备空域保持能力和可靠被监视能力，专门用于植保、播种、投饵等农林牧渔作业，全程可以随时人工介入操控的无人驾驶航空器。

（九）隔离飞行，是指无人驾驶航空器与有人驾驶航空器不同时在同一空域内的飞行。

（十）融合飞行，是指无人驾驶航空器与有人驾驶航空器同时在同一空域内的飞行。

（十一）分布式操作，是指把无人驾驶航空器系统操作分解为多个子业务，部署在多个站点或者终端进行协同操作的模式。

（十二）集群，是指采用具备多台无人驾驶航空器操控能力的同一系统或者平台，为了处理同一任务，以各无人驾驶航空器操控数据互联协同处理为特征，在同一时间内并行操控多台无人驾驶航空器以相对物理集中的方式进行飞行的无人驾驶航空器运行模式。

（十三）模型航空器，也称航空模型，是指有尺寸和重量限制，不能载人，不具有高度保持和位置保持飞行功能的无人驾驶航空器，包括自由飞、线控、直接目视视距内人工不间断遥控、借助第一视角人工不间断遥控的模型航空器等。

（十四）无人驾驶航空器反制设备，是指专门用于防控无人驾驶航空器违规飞行，具有干扰、截控、捕获、摧毁等功能的设备。

（十五）空域保持能力，是指通过电子围栏等技术措施控制无人驾驶航空器的高度与水平范围的能力。

第六十三条　本条例自 2024 年 1 月 1 日起施行。

附录 B　民用无人机驾驶员管理规定

1. 目的

近年来随着技术进步，民用无人驾驶航空器（也称远程驾驶航空器，以下简称无人机）的生产和应用在国内外得到了蓬勃发展，其驾驶员（业界也称操控员、操作手、飞手等，在本规定中统称为驾驶员）数量也在快速增加。面对这样的情况，局方有必要在不妨碍民用无人机多元发展的前提下，加强对民用无人机驾驶员的规范管理，促进民用无人机产业的健康发展。

由于民用无人机在全球范围内发展迅速，国际民航组织已经开始为无人机系统制定标准和建议措施（SARPs）、空中航行服务程序（PANS）和指导材料。这些标准和建议措施预计将在未来几年成熟，因此多个国家发布了管理规定。本咨询通告针对目前出现的无人机系统的驾驶员实施指导性管理，并将根据行业发展情况随时修订，最终目的是按照国际民航组织的标准建立我国完善的民用无人机驾驶员监管体系。

2. 适用范围

本规定用于民用无人机系统驾驶人员的资质管理。其涵盖范围包括但不限于：

（1）无机载驾驶人员的无人机系统。

（2）有机载驾驶人员的航空器，但该航空器可同时由外部的无人机驾驶员实施完全飞行控制。

（3）适用无人机分类

分类	空机重量/千克	起飞全重/千克
I	$0 < W \leqslant 1.5$	
II	$1.5 < W \leqslant 4$	$1.5 < W \leqslant 7$
III	$4 < W \leqslant 15$	$7 < W \leqslant 25$
IV	$15 < W \leqslant 116$	$25 < W \leqslant 150$

（续）

分类	空机重量/千克	起飞全重/千克
V	植保类无人机	
VI	无人飞艇	
VII	超视距运行的 I、II 类无人机	
XI	$116 < W \leqslant 5700$	$150 < W \leqslant 5700$
XII	$W > 5700$	

注： 1. 实际运行中，I、II、III、IV、XI 类分类有交叉时，按照较高要求的一类分类。

2. 对于串、并列运行或者编队运行的无人机，按照总重量分类。

3. 地方政府（例如当地公安部门）对于 I、II 类无人机重量界限低于本表规定的，以地方政府的具体要求为准。

3. 法规解释

无论驾驶员是否位于航空器的内部或外部，无人机系统和驾驶员必须符合民航法规在相应章节中的要求。由于无人机系统中没有机载驾驶员，原有法规有关驾驶员部分章节已不能适用，本文件对相关内容进行说明。

4. 定义

本规定中使用的术语定义：

（1）无人机（UA: Unmanned Aircraft），是由控制站管理（包括远程操纵或自主飞行）的航空器，也称远程驾驶航空器（RPA: Remotely Piloted Aircraft）。

（2）无人机系统（UAS: Unmanned Aircraft System），也称远程驾驶航空器系统（RPAS: Remotely Piloted Aircraft System），是指由无人机、相关的控制站、所需的指令与控制数据链路以及批准的型号设计规定的任何其他部件组成的系统。

（3）无人机系统驾驶员，由运营人指派对无人机的运行负有必不可少职责并在飞行期间适时操纵无人机的人。

（4）无人机系统的机长，是指在系统运行时间内负责整个无人机系统运行和安全的驾驶员。

（5）无人机观测员，由运营人指定的训练有素的人员，通过目视观测无人机，协助无人机驾驶员安全实施飞行，通常由运营人管理，无证照要求。

（6）运营人，是指从事或拟从事航空器运营的个人、组织或企业。

（7）控制站（也称遥控站、地面站），无人机系统的组成部分，包括用于操纵无人机的设备。

（8）指令与控制数据链路（C2: Command and Control datalink），是指无人机和控制站之间为飞行管理之目的的数据链接。

（9）感知与避让，是指看见、察觉或发现交通冲突或其他危险并采取适当行动的能力。

（10）无人机感知与避让系统，是指无人机机载安装的一种设备，用以确保无人机与其他航空器保持一定的安全飞行间隔，相当于载人航空器的防撞系统。在融合空域中运行的XI、XII类无人机应安装此种系统。

（11）视距内（VLOS: Visual Line of Sight）运行，无人机在驾驶员或观测员与无人机保持直接目视视觉接触的范围内运行，且该范围为目视视距内半径不大于500米，人、机相对高度不大于120米。

（12）超视距（BVLOS: Beyond VLOS）运行，无人机在目视视距以外的运行。

（13）扩展视距（EVLOS: Extended VLOS）运行，无人机在目视视距以外运行，但驾驶员或者观测员借助视觉延展装置操作无人机，属于超视距运行的一种。

（14）融合空域，是指有其他有人驾驶航空器同时运行的空域。

（15）隔离空域，是指专门分配给无人机系统运行的空域，通过限制其他航空器的进入以规避碰撞风险。

（16）人口稠密区，是指城镇、乡村、繁忙道路或大型露天集会场所等区域。

（17）空机重量，是指不包含载荷和燃料的无人机重量，该重量包含燃料容器和电池等固体装置。

（18）无人机云系统（简称无人机云），是指轻小民用无人机运行动态数据库系统，用于向无人机用户提供航行服务、气象服务等，对民用无人机运行数据（包括运营信息、位置、高度和速度等）进行实时监测。接入系统的无人机应即时上传飞行数据，无人机云系统对侵入电子围栏的无人机具有报警功能。

5. 管理机构

无人机系统分类较多，所适用空域远比有人驾驶航空器广阔，因此有必要对无人机系统驾驶员实施分类管理。

（1）下列情况下，无人机系统驾驶员自行负责，无须证照管理：

1）在室内运行的无人机。

2）Ⅰ、Ⅱ类无人机（如运行需要，驾驶员可在无人机云系统进行备案。备案内容应包括驾驶员真实身份信息、所使用的无人机型号，并通过在线法规测试）。

3）在人烟稀少、空旷的非人口稠密区进行试验的无人机。

（2）下列情况下，无人机驾驶员由行业协会实施管理，局方飞行标准部门可以实施监督：

1）在隔离空域内运行的除Ⅰ、Ⅱ类以外的无人机。

2）在融合空域内运行的Ⅲ、Ⅳ、Ⅴ、Ⅵ、Ⅶ类无人机。

（3）在融合空域运行的Ⅺ、Ⅻ类无人机，其驾驶员由局方实施管理。

6. 行业协会对无人机系统驾驶员的管理

（1）实施无人机系统驾驶员管理的行业协会须具备以下条件：

1）正式注册五年以上的全国性行业协会，并具有行业相关性。

2）设立了专门的无人机管理机构。

3）建立了可发展完善的理论知识评估方法，可以测评人员的理论水平。

4）建立了可发展完善的安全操作技能评估方法，可以评估人员的操控、指挥和管理技能。

5）建立了驾驶员考试体系和标准化考试流程，可实现驾驶员训练、考试全流程电子化实时监测。

6）建立了驾驶员管理体系，可以统计和管理驾驶员在持证期间的运行和培训的飞行经历、违章处罚等记录。

7）已经在民航局备案。

（2）行业协会对申请人实施考核后签发训练合格证，在第 5 条第（2）款所述情况下运行的无人机系统中担任驾驶员，必须持有该合格证。

（3）训练合格证应定期更新，更新时应对新的法规要求、新的知识和驾驶技术等内容实施必要的培训，如需要，应进行考核。

（4）行业协会每六个月向局方提交报告，内容包括训练情况、技术进步情况、遇到的困难和问题、事故和事故征候、训练合格证统计信息等。

7. 局方对无人机系统驾驶员的管理

（1）执照要求

1）在融合空域 3000 米以下运行的Ⅺ类无人机驾驶员，应至少持有运动或私用驾驶员执照，并带有相似的类别等级（如适用）。

2）在融合空域 3000 米以上运行的Ⅺ类无人机驾驶员，应至少持有带有飞机或直升机等级的商用驾驶员执照。

3）在融合空域运行的Ⅻ类无人机驾驶员，应至少持有带有飞机或直升机等级的商用驾驶员执照和仪表等级。

4）在融合空域运行的Ⅻ类无人机机长，应至少持有航线运输驾驶员执照。

（2）对于完成训练并考试合格人员，在其驾驶员执照上签注如下信息：

1）无人机型号。

2）无人机类型。

3）职位，包括机长、副驾驶。

（3）熟练检查 驾驶员应对每个签注的无人机类型接受熟练检查，该检查每 12 个月进行一次。检查由局方可接受的人员实施。

（4）体检合格证 持有驾驶员执照的无人机驾驶员必须持有按中国民用航空规章《民用航空人员体检合格证管理规则》（CCAR‑67FS）颁发的有效体检合格证，并且在行使驾驶员执照权利时随身携带该合格证。

（5）航空知识要求 申请人必须接受并记录培训机构工作人员提供的地

面训练，完成下列与所申请无人机系统等级相应的地面训练课程并通过理论考试。

1）航空法规以及机场周边飞行、防撞、无线电通信、夜间运行、高空运行等知识。

2）气象学，包括识别临界天气状况，获得气象资料的程序以及航空天气报告和预报的使用。

3）航空器空气动力学基础和飞行原理。

4）无人机主要系统，导航、飞控、动力、链路、电气等知识。

5）无人机系统通用应急操作程序。

6）所使用的无人机系统特性，包括：

①起飞和着陆要求。

②性能：

i. 飞行速度。

ii. 典型和最大爬升率。

iii. 典型和最大下降率。

iv. 典型和最大转弯率。

v. 其他有关性能数据（例如风、结冰、降水限制）。

vi. 航空器最大续航能力。

③通信、导航和监视功能：

i. 航空安全通信频率和设备，包括：

a. 空中交通管制通信，包括任何备用的通信手段。

b. 指令与控制数据链路（C2），包括性能参数和指定的工作覆盖范围。

c. 无人机驾驶员和无人机观测员之间的通信，如适用。

ii. 导航设备。

iii. 监视设备（如 SSR 应答，ADS – B 发出）。

iv. 发现与避让能力。

v. 通信紧急程序，包括：

a. ATC 通信故障。

b. 指令与控制数据链路故障。

c. 无人机驾驶员/无人机观测员通信故障，如适用。

vi. 控制站的数量和位置以及控制站之间的交接程序，如适用。

（6）飞行技能与经历要求　申请人必须至少在下列操作上接受并记录了培训机构提供的针对所申请无人机系统等级的实际操纵飞行或模拟飞行训练。

A. 对于机长：

1）空域申请与空管通信，不少于 4 小时。

2）航线规划，不少于 4 小时。

3）系统检查程序，不少于 4 小时。

4）正常飞行程序指挥，不少于 20 小时。

5）应急飞行程序指挥，包括规避航空器、发动机故障、链路丢失、应急回收、迫降等，不少于 20 小时。

6）任务执行指挥，不少于 4 小时。

B. 对于驾驶员：

1）飞行前检查，不少于 4 小时。

2）正常飞行程序操作，不少于 20 小时。

3）应急飞行程序操作，包括发动机故障、链路丢失、应急回收、迫降等，不少于 20 小时。上述 A 款内容不包含 B 款所要求内容。

（7）飞行技能考试

A. 考试员应由局方认可的人员担任。

B. 用于考核的无人机系统由执照申请人提供。

C. 考试中除对上述训练内容进行操作考核，还应对下列内容进行充分口试：

1）所使用的无人机系统特性。

2）所使用的无人机系统正常操作程序。

3）所使用的无人机系统应急操作程序。

8. 修订说明

2015 年 12 月 29 日，飞行标准司出台了《轻小无人机运行规定（试行）

（AC – 91 – FS – 2015 – 31）》，结合运行规定，为了进一步规范无人机驾驶员管理，对原《民用无人驾驶航空器系统驾驶员管理暂行规定（AC – 61 – FS – 2013 – 20)》进行了第一次修订。修订的主要内容包括重新调整无人机分类和定义，新增管理机构管理备案制度，取消部分运行要求。

9. 咨询通告施行

本咨询通告自发布之日起生效，2013 年 11 月 18 日发布的《民用无人驾驶航空器系统驾驶员管理暂行规定》（AC – 61 – FS – 2013 – 20）同时废止。

复 习 思 考 题

1. 《中国民用航空法》的颁布目的_____。
    ①为了维护国家的领空主权和民用航空权利
    ②保障民用航空活动安全和有秩序地进行
    ③保护民用航空活动当事人各方的合法权益
    ④促进民用航空事业的发展
    A. ③④   B. ①②   C. ①②③④

2. 关于通用航空的说法正确的是_____。
    ①通用航空企业从事经营性通用航空活动，应当与用户订立书面合同，但是紧急情况下的救灾飞行除外
    ②组织实施作业飞行时，应当采取有效措施，保证飞行安全
    ③组织实施作业飞行时，保护环境和生态平衡，防止对环境，居民，作物或者牲畜等造成损害
    ④从事通用航空活动的，应当投保地面第三人责任险
    A. ①②③   B. ①②③④   C. ①②④

3. _____无人机侦察监测区域应预先标注，主要包括任务区域范围、侦察监测对象等。
    A. 场地标注   B. 任务区域标注   C. 警示标注

4. 无人机的注册所有者或运营人应对保持无人机有最新的适航证书和
　　_____负责。

　　A. 无人机安全飞行　　　B. 无人机注册证书　　　C. 无人机维修

5. 无人机系统的机长是指_____。

　　A. 操控无人机的人

　　B. 协助操控无人机的人

　　C. 负责整个无人机系统运行和安全的驾驶员

6. 下列航空法律法规中级别最高的是_____。

　　A.《中华人民共和国飞行基本规则》

　　B.《中华人民共和国民用航空法》

　　C.《中华人民共和国搜寻援救民用航空器的规定》

7. 颁发国内三个层次航空法规的部门分别是_____。
　　①全国人大或全国人大常委会　　②国务院、中央军委
　　③民航局　④民航地区管理局

　　A. ①②③　　　　　　　　B. ①②④　　　　　　　　C. ③④

8. 民用无人驾驶航空器系统视距内运行是指航空器处于驾驶员或观测员目视
　　视距内半径_____米，相对高度低于_____米的区域内。

　　A. 120　500　　　　　　　B. 500　120　　　　　　　C. 100　50

9. 下列情况下，无人机系统驾驶员由行业协会实施管理：_____。

　　A. 在融合空域运行的小型无人机

　　B. 充气体积在 4600 米^3 以上的遥控飞艇

　　C. 在隔离空域内超视距运行的无人机

10. 下列情况下，无人机系统驾驶员由局方实施管理：_____。

　　A. 在融合空域运行的轻型无人机

　　B. 在融合空域运行的小型无人机

　　C. 在隔离空域内超视距运行的无人机

11. 民用无人机系统要求至少_____检查一次。

　　A. 半年　　　　　　　　　B. 一年　　　　　　　　　C. 两年

12. 无人机注册证书颁发给飞机所有者作为_____注册证明。

A. 随时随机携带　　　B. 存放备查　　　C. 作为售出证明

13. 无人机适航证书不可_____。

A. 随飞机一起转让　　B. 存放备查　　　C. 随无人机系统携带

14. 无人机系统无线电资源的使用_____局方无线电管理部门的许可证。

A. 需要　　　　　　　B. 不需要　　　　C. 一般情况下不需要

15. 下列哪个情况下，无人机系统驾驶员由行业协会实施管理：_____。

A. 在室内运行的无人机

B. 在视距内运行的微型无人机

C. 充气体积在4600米³以下的遥控飞艇

16. 下列哪个情况下，无人机系统驾驶员由局方实施管理：_____。

A. 在融合空域运行的微型无人机

B. 充气体积在4600米³以下的遥控飞艇

C. 在融合空域运行的XI、XII类无人机

17. 在融合空域3000米以下运行的小型无人机驾驶员，应至少持有_____。

A. 航线运输执照　　　B. 私照　　　　　C. 商照

18. 依法取得中华人民共和国国籍的民用航空器，应当标明规定的国籍标志和_____。

A. 公司标志　　　　　B. 登记标志　　　C. 机型标志

19. 空域通常划分为哪些区域？_____①机场飞行空域　②航路、航线③空中禁区、空中限制区和空中危险区。

A. ①②　　　　　　　B. ①③　　　　　C. ①②③

20. 执行紧急救护、抢险救灾或者其他紧急任务，飞行计划申请最迟应在飞行前_____提出。

A. 30分钟　　　　　　B. 1小时　　　　C. 2小时

21. 飞行的安全高度是避免航空器与地面障碍物相撞的_____。

A. 航图网格最低飞行高度

B. 最低飞行安全高度

C. 最低飞行高度

参考文献

[1] 宇辰网. 无人机：引领空中机器人新革命 [M]. 北京：机械工业出版社，2017.

[2] 赵云超，郑宇. 无人机入门宝典 [M]. 济南：山东人民出版社，2017.

[3] 万刚，等. 无人机测绘技术及应用 [M]. 北京：测绘出版社，2015.

[4] 贾玉红. 航空航天概论 [M]. 北京：北京航空航天大学出版社，2015.

[5] 吴勇，罗国富，刘旭辉等. 四轴飞行器DIY [M]. 北京：北京航空航天大学出版社，2016.

[6] 罗斯坦. 无人机时代：即将到来的无人机革命 [M]. 王志欣，姚建民，译. 北京：机械工业出版社，2017.

[7] 刘让贤，晏初宏. 航空概论 [M]. 北京：航空工业出版社，2015.

[8] 符长青，曹兵. 多旋翼无人机基础 [M]. 北京：清华大学出版社，2017.

[9] 乔巴尔. 玩转无人机 [M]. 吴博，译. 北京：人民邮电出版社，2015.

[10] 贝克托. 无人机DIY [M]. 姚军，译. 北京：人民邮电出版社，2016.

[11] 于坤林，陈文贵. 无人机结构与系统 [M]. 西安：西北工业大学出版社，2016.